高等职业院校精品教材系列

气动与液压技术

陈 宽 主编

电子工业出版社·

Publishing House of Electronics Industry

北京·BEIJING

内 容 简 介

本教材是按照教育部"十二五"职业教育国家规划教材编写要求，以行业企业气动/液压技术相关岗位的知识和能力需求为目标，结合编者多年来从事气动与液压技术课程教学实践经验和德国先进的职教理念和方法，以及国家示范专业建设和课程改革成果，编写的一本以项目驱动、任务导向、理实一体化教材。

全书共分气压传动、电气气动、液压传动、电气液压 4 个模块，包含 26 个工作项目；每个项目下由一到三个任务组成，系统认知主要介绍任务和与任务相关的基础知识，系统设计和实践练习可以使学生掌握气动/液压系统和电气气动/电气液压系统设计、系统安装、功能调试，以及系统故障诊断和排除等技能。

全书以工业应用案例作为项目学习载体，培养学生分析和解决实际问题的能力，以及气、液、电综合应用能力和拓展创新能力。内容紧跟气动/液压行业技术的发展，引入国际标准，侧重培养气动/液压技术的应用能力。

本教材为高等职业本专科院校气动与液压技术课程的教材，也可作为开放大学、成人教育、自学考试、中职学校和技能培训班的教材，以及企业工程技术人员的参考书。

本教材配有免费的电子教学课件、练习题参考答案和**精品课网站**，详见前言。

图书在版编目（CIP）数据

气动与液压技术/陈宽主编. —北京：电子工业出版社，2016.8

全国高等院校规划教材·精品与示范系列

ISBN 978-7-121-27266-0

Ⅰ. ①气… Ⅱ. ①陈… Ⅲ. ①气压传动－高等学校－教材②液压传动－高等学校－教材

Ⅳ. ①TH138②TH137

中国版本图书馆 CIP 数据核字（2015）第 227452 号

策划编辑：陈健德（E-mail：chenjd@phei.com.cn）

责任编辑：李　蕊

印　　刷：北京盛通商印快线网络科技有限公司

装　　订：北京盛通商印快线网络科技有限公司

出版发行：电子工业出版社

　　　　　北京市海淀区万寿路 173 信箱　邮编　100036

开　　本：787×1 092　1/16　印张：12.5　字数：320 千字

版　　次：2016 年 8 月第 1 版

印　　次：2021 年 6 月第 7 次印刷

定　　价：35.00 元

凡所购买电子工业出版社图书有缺损问题，请向购买书店调换。若书店售缺，请与本社发行部联系，联系及邮购电话：（010）88254888，88258888。

质量投诉请发邮件至 zlts@phei.com.cn，盗版侵权举报请发邮件至 dbqq@phei.com.cn。

本书咨询联系方式：chenjd@phei.com.cn。

前　言

　　气动与液压技术是一种以流体（气体、液体）为传动介质进行能量传递和控制的技术。它被广泛地应用于机械制造、航空、航天、冶金、交通运输、建筑工程、水利、化工、纺织、生物制药、能源技术等领域中。随着时代的发展，气动与液压技术也逐步成为一种集机、电、传感、信息等技术为一体的综合技术。伴随着"中国制造 2025 发展纲要"的实施，气动与液压技术凭借着其独有的特性必将会在智能制造等诸多领域中扮演更加重要的角色。为了使高职教育教学能够更加符合企业需求，我们吸纳了国外在高技能人才培养上先进的经验和理念，并结合我国高职教育的特点精心组织编写了本教材。

　　本教材以培养学生气动与液压技术应用能力为教学设计主线，以工业应用案例作为项目学习载体，通过任务驱动来培养学生分析和解决实际问题的能力，以及气、液、电综合应用能力和拓展创新能力。在每个项目中，首先，提出具体的工作任务，使学生明确目标，产生学习兴趣；然后，结合具体工业案例，以必需、够用为原则，通俗易懂地讲解完成任务所需要的相关知识，使学生的认识由感性上升到理性；在任务实践环节，详细介绍完成任务的步骤和注意事项，使学生能够顺利完成任务，并且验证所学习的理论知识，增强学生的成就感；每个实践练习的最后都配有实验结论，便于学生理解该项目练习的核心知技点和难点。

　　本教材包含 26 个工作项目，课程参考学时共计 100 学时，工作项目的选取和授课学时也可根据各校的专业教学计划和培养目标做适当调整。

　　本教材由天津中德职业技术学院陈宽副教授主编，邹炳燕高级工程师、杨健教授、李颖教授参编。具体分工如下：气压传动技术模块、电气气动技术模块、液压传动技术模块项目 1、电气液压技术模块项目 2 由陈宽编写，液压传动技术模块项目 2、电气液压技术模块项目 1 由邹炳燕编写，液压传动技术模块项目 3、电气液压技术模块项目 3 由杨建编写，电气液压技术模块项目 4、附录由李颖编写。全书由陈宽统稿和定稿，由天津中德职业技术学院杨中力副教授、左维副教授主审。在编写过程中参考了多位同行作者的教材内容，在此表示由衷的感谢。

　　限于编者水平，书中难免有不妥和疏漏之处，敬请广大读者提出宝贵的意见和建议。

　　为了方便教师教学，本书还配有免费的电子教学课件、练习题参考答案，请有需要的教师登录华信教育资源网（http://www.hxedu.com.cn）免费注册后再进行下载，如有问题，请在网站留言或与电子工业出版社联系（E-mail：hxedu@phei.com.cn）。读者也可通过该精品课网站（http:// www.xjnzy.edu.cn/jpkc/jjmy/qygl/）浏览和参考更多的教学资源。

编者

目 录

模块 1

气压传动技术

模块内容构成

内　　　容	建议学时
项目 1：气压传动技术的认知	4
项目 2：机床夹具气动系统的认知与实践	2
项目 3：工件冲压成型装置气动系统的认知与实践	2
项目 4：沙发使用寿命测试装置气动系统的认知与实践	4
项目 5：皮带压花装置气动系统的认知与实践	2
项目 6：落料传送装置气动系统的认知与实践	4
项目 7：填充/灌装装置气动系统的认知与实践	2
项目 8：通气天窗气动系统的认知与实践	2
项目 9：工件传送线气动系统的认知与实践	4
项目 10：钻孔和钻孔夹具气动系统的认知与实践	4
学时小计	30

项目1 气压传动技术的认知

教学导航

知识重点	气压传动技术的概念及典型应用；气压传动技术的优、缺点；气压传动技术的理论基础；气动系统的组成、功效
知识难点	基础知识
技能重点	识别气动系统回路图中的气动元件；结合系统图解读元件的作用
技能难点	能结合系统图解读元件的作用
推荐教学方式	从两个工作任务入手，通过对第一个任务的分析，了解气压传动技术的概念及特点；通过第二个任务的学习，了解气动系统的组成及相关元件在系统中所起的作用
推荐学习方法	通过工业应用实例来认识气压传动技术
建议学时	4 学时

任务 1.1 了解气压传动技术

任务介绍

了解气压传动技术及其在工业中的应用，此种传动形式的优、缺点及该技术的理论基础。

相关知识

1．什么叫气压传动技术

气压传动技术是以压缩空气作为传动介质进行能量传递和信号传递的工程技术，简称为气动技术。

气动技术不仅是一种驱动技术，而且还可以实现对驱动系统的控制。由于空气是洁净和污染小的工作介质，在高度重视环保的当今社会，气动技术的应用在工业化国家中将会变得越来越重要。

2．气动技术的典型应用

气动技术是一种低成本的自动化技术，广泛应用于各种生产设备和机器上，涉及行业众多。以下仅结合气动技术的发展列举几个典型的应用实例。

1）气动技术在饮料灌装行业（食品制造业）的应用

灌装方法是借助气动装置控制活塞的往复运动和旋转运动，将液体从储料箱中吸入活塞缸内，然后再强制压入待灌容器中，这种方法既适用于黏度较大的液体，同时也适用于黏度较小的液体。如图 1-1-1

图 1-1-1 液体灌装机

所示的液体灌装机主要适用于黏稠物料的灌装，如食品中的番茄沙司、肉糜、炼乳、糖水、果汁等；日用品中的冷霜、牙膏、香脂、发乳、鞋油等；医药中的软膏等。

2）气动技术在汽车制造行业的应用

现代汽车制造工厂的生产线，尤其是车架焊接生产线，几乎都采用了气动技术。例如，车身在工位间的移动；车身外壳被真空吸盘吸起和放下，在指定工位被夹紧和定位；点焊机焊头的快速移动和减速软着陆后的变压控制点焊，都采用了各种特殊功能的气动元件和控制系统。

3）气动技术在电子、半导体制造业的应用

在印制电路板、半导体及芯片等各种电子产品制作、装配生产过程中，即便最细小的尘埃都有可能引起电子元件的短路，鉴于气动技术无污染，从而防止将任何污物带入生产区域，同时气动系统动作速度快，因此电路板上电子元件的插装都是由气动系统驱动的，如图 1-1-2 所示。

图 1-1-2　印制电路板制作机械

4）气动技术在化工产品制造业的应用

在化工厂有很多管道和阀门，通常这些管道管径较大，控制流体的阀门也较大，驱动其开启及关闭较费力，为了实现阀门控制自动化并节省人力，通常采用气动执行元件来驱动，即可容易地实现自动化，又使操作简单，如图 1-1-3 所示。

5）气动技术在包装行业的应用

气动技术广泛用于粮食、食品、药品、化工、化肥等许多行业的产品生产包装机械中，实现对颗粒、粉状、块状等物料的自动计量和包装，如图 1-1-4 所示。例如，烟草工业中的自动卷烟和自动包装等许多工序都采用气动技术实现自动化生产。

图 1-1-3　阀门气动驱动系统　　　图 1-1-4　食品包装生产线

6）气动技术在木材加工生产设备上的应用

由于压缩空气比较干净，在加工过程中不会对产品产生污染，因此在木材加工设备中大量采用气动技术作为驱动技术，如图 1-1-5 所示。

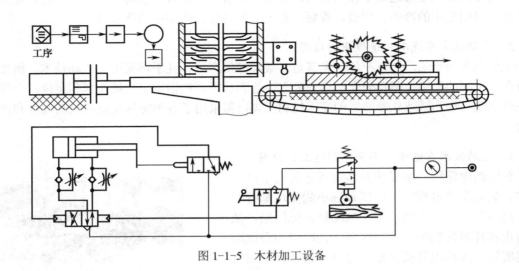

图 1-1-5　木材加工设备

7）气动技术在医学领域的应用

气动技术已在医学领域广泛应用，如气动人工手指、气动行走机可以灵活地抓取和助人行走，帮助残疾人；气动人工心脏起搏器为心脏病人带来生的希望；各种制药自动化生产设备。

8）气动技术在交通运输领域的应用

公共汽车门的驱动系统，有"飞行气垫"美誉的直升机螺旋桨端部的空气喷嘴和吸收发动机噪声的气动消声器都是气动技术在汽车及飞机制造业上的应用。

以上仅列举了 8 个应用领域，事实上气动技术在机械加工、自动生产线、印刷机械、纺织、测量、卡通模型制作等众多领域都有广泛的应用。

3．气动技术的优、缺点

1）气动技术的优点

（1）传动介质取之不尽，用之不竭，没有资源枯竭的忧虑。

（2）空气的黏度远远低于油和水，因此在利用其进行传动时能量损失小，可进行远距离输送。

（3）由于气体具有可压缩性，因此可将多余气体进行压缩并存储起来。

（4）压缩空气受温度波动的影响较小，可适用于高温或低温的环境。

（5）由于空气不具有爆炸的危险，因此不需要昂贵的防爆设施。

（6）空气较清洁，因此广泛应用于食品、制药、木材和纺织工业。

（7）由于气动系统压力较低，因此其结构简单、价格便宜、维修方便、寿命长，并易于标准化、系列化和通用化。

（8）气流在管道中流速较快，系统运行速度快，并可实现无级调速、没有过载危险。

（9）压缩空气可适用于潮湿、强磁场、粉尘大等各种恶劣的工作环境，因此对各种工作环境有良好的适应性。

（10）在气动系统中，也可直接利用气压信号实现系统的自动控制。

2）气动技术的缺点

（1）尽管压缩空气很干净，但由于存在杂质、水等，在使用时必须进行处理，不得含有灰尘和水分。

（2）正是由于空气具有可压缩性，所以在运动过程中其控制精度会受影响。

（3）由于气动系统常规工作气压在 6～7 bar 以下，输出力受到限制，所以气动技术只适用于要求输出力不大的场合。

（4）使用后的压缩空气要排到大气中，因此会产生噪声。

4．理论基础

压力：压力有绝对压力和相对压力，其含义和表示方法如图 1-1-6 所示，常用压力单位见表 1-1-1。

（1）绝对压力：以绝对零点为起点所测量的压力叫绝对压力，用 $P_绝$ 表示。

（2）相对压力：以当地大气压力为起点所测量的压力叫相对压力，用 $P_相$ 表示。

（3）真空度：绝对压力减去大气压力的绝对值，用 $P_真$ 表示，即 $P_真 = |P_绝 - P_相|$。

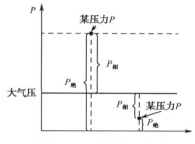

图 1-1-6　压力表示方法

表 1-1-1　压力单位

单 位 名 称	帕	兆帕	巴	公斤力/平方厘米	磅/平方英寸
单位表示符号	Pa	MPa	bar	kgf/cm^2	psi
换 算 关 系	\multicolumn{5}{c}{$1\ MPa = 10^6\ Pa = 10^5\ bar$ $1\ bar = 1.02\ kgf/cm^2 \approx 14.5\ psi$}				

（4）绝对湿度：在一定温度和压力下，单位体积的湿空气中所含有的水蒸气的质量，用 ρ_{vb} 表示。

（5）饱和绝对湿度：在一定的温度和压力下，单位体积湿空气中最大限度含有的水蒸气质量，用 ρ_b 表示。

（6）相对湿度：在每立方米湿空气中，水蒸气的实际含量（即未饱和空气的水蒸气密度 ρ_{vb}）与同温度下最大可能的水蒸气含量（即饱和水蒸气密度 ρ_b）之比，用 φ 表示。

$$\varphi = \rho_{vb} / \rho_b \times 100\%$$

（7）稳定流动：若流体中任何一点的压力、流速和密度都不随时间的变化而变化，则这种流动就称为稳定流动。

（8）质量守恒定律：当气体流动速度 v 小于 70 m/s 时，密度的变化小于 2%，工程上常将密度变化小于 2%忽略不计，则在管路中任意截面的面积和流速之间存在如下关系：

$$A_1 v_1 = A_2 v_2$$

任务 1.2 气动钻床分析

如图 1-1-7 所示，其中（a）为气动钻床示意图，（b）为气动钻床的气动回路图，试分析驱动系统的组成及各组成部分的功效。

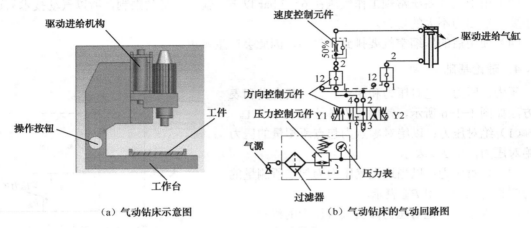

（a）气动钻床示意图   （b）气动钻床的气动回路图

图 1-1-7   气动钻床

1. 气动系统的组成

分析图 1-1-7（b）可知，要想利用气体传递动力和运动，气动系统必须具备气源装置、控制元件（压力控制元件、流量控制元件、方向控制元件）、执行元件（驱动进给气缸等）、空气调节处理元件、辅助元件（过滤器、压力表等）和传动介质，因此这几部分构成了一个完整的气动系统。

气源装置：包括空气压缩机、后冷却器、油水分离器、储气罐、干燥器等元件。通过气源向气动系统提供低温、干净、干燥、具有一定压力和流量的压缩空气。

控制元件：包括压力控制元件、流量控制元件和方向控制元件。通过控制气动系统压力、流量和流动方向的元件，从而达到控制执行元件输出力、执行元件速度和执行元件运动方向的目的。

执行元件：包括气缸、摆动气缸、气动电动机。通过执行元件将气动系统的压力能转化成机械能。

空气调节处理元件：包括分水过滤器、减压阀等元件。通过分水过滤器、减压阀、油雾器对压缩空气质量进行进一步处理并维持调定压力稳定。

辅助元件：包括压力表、消声器、管接头、管路等元件。通过辅助元件可将系统中各元件连接起来，使系统形成封闭回路，并通过压力表进行压力显示，通过消声器对排气时产生的噪声进行控制，因此气动辅助元件是系统不可缺少的元件。

2. 气源装置

气源装置的作用及组成：在电动机的带动下，通过空气压缩机的运动将自然界 1 个大气

压的空气压缩到原体积的 1/7 左右，再通过后冷却器、油水分离器、储气罐、干燥器等元件的处理，最终向气动系统提供低温、干净、干燥、具有一定压力和流量的压缩空气。图 1-1-8 为气源装置，其中的主要装置见表 1-1-2。

图 1-1-8　气源装置

表 1-1-2　气源中使用的主要装置

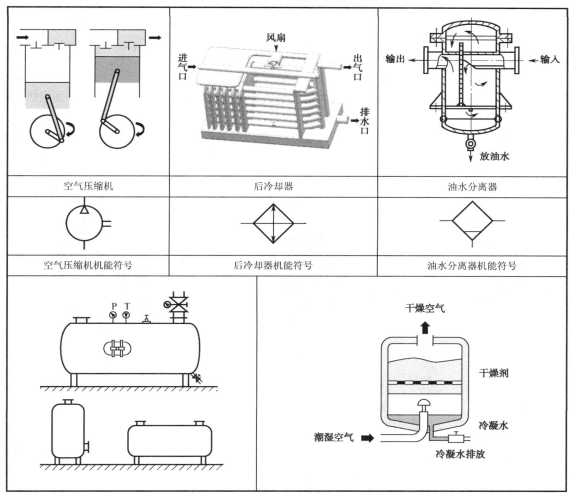

储气罐	干燥器
储气罐机能符号	干燥器机能符号

（1）空气压缩机（简称空压机）：将原动机输入的机械能转化成压力能。根据机械结构可分为活塞式、叶片式、螺杆式等。以图 1-1-9 叶片式空气压缩机为例，其工作原理为在电动机的带动下，回转轴旋转，离心力使得转子上的叶片与定子内壁相接触，两个相邻叶片、定子内表面和转子的外表面之间形成的空间，会随着转子的转动有规律的变化，空间变大，实现吸气；空间变小，实现压缩和排气。

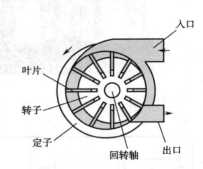

图 1-1-9　叶片式空气压缩机

（2）后冷却器：通过风冷或水冷的方法将压缩空气的温度降低，以便在后续过程中将压缩空气中的水、油分离出来。图 1-1-10 为水冷式后冷却器，其工作原理为利用循环冷却水降温，冷却水在管中流动，热空气在管外流动，使其中大部分水蒸气和油雾凝聚成液态的水滴和油滴，即利用热交换原理。

（3）油水分离器：利用此元件将液态的水、油与气态的压缩空气分离出来。图 1-1-11 为油水分离器，其工作原理为压缩空气先经过左边水浴清洗，除掉较难除掉的油滴等杂质，再沿切向进入右边旋转离心分离器中，利用离心力的作用除去水滴。

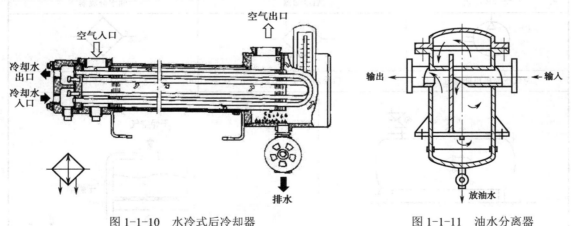

图 1-1-10　水冷式后冷却器　　　　　　　图 1-1-11　油水分离器

（4）储气罐：如图 1-1-12 所示，通过空压机生产出的压缩空气利用储气罐可消除压力脉动，保证输出气流的连续性；做应急能源，存储一定数量的压缩空气，以备应急使用；冷却净化压缩空气，利用储气罐的大面积散热使压缩空气中的一部分水蒸气凝结为水，以便通过排水阀排出系统。工作原理是利用了气体的可压缩性。

（5）干燥器：对液态水和油有严格要求的系统需经过干燥器进行进一步的脱湿处理。如图 1-1-13 所示，利用干燥剂吸收压缩空气中的水分，从而达到干燥压缩空气的目的。这种方法所用的吸附剂可再生。

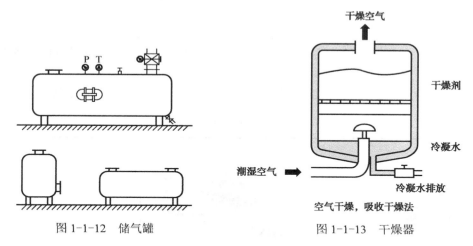

图 1-1-12　储气罐　　　　　　　　　　图 1-1-13　干燥器

3．空气调节处理元件

（1）分水过滤器：分离水分、油分，过滤杂质的气动元件，见表 1-1-3。
（2）减压阀：调节系统压力并稳定系统压力的元件，见表 1-1-3。
（3）油雾器：为气动系统加注润滑油的特殊装置，见表 1-1-3。

表 1-1-3　空气调节处理元件

分水过滤器	减压阀	油雾器
分水过滤器机能符号	减压阀机能符号	油雾器机能符号

4．控制元件

（1）压力控制元件：在气动系统中控制和调节压缩空气压力的元件称为压力控制元件。因为气动系统输出力 F 的大小取决于系统的压力 P 和气体压力所作用的面积 A 的乘积，因此压力的高低直接影响输出力的大小。压力控制元件包括减压阀、溢流阀、顺序阀，见表1-1-4。

（2）流量控制元件：在气动系统中流量控制元件，不仅可以控制执行元件运动的快慢，还可以控制气流信号延迟的时间，调节气缸缓冲能力的强弱等，在气动系统中流量控制元件是经常使用的元件，常用的有单向节流阀，见表1-1-4。

（3）方向控制元件：方向控制元件是控制气流流动方向和通断的阀。在各类方向控制元件中，可根据元件内气流的作用方向分为换向型方向控制阀和单向型方向控制阀，见表1-1-4。

（4）逻辑控制元件：能实现某种逻辑功能的元件，如"与"、"或"功能等，见表1-1-4。

表 1-1-4　气动控制元件

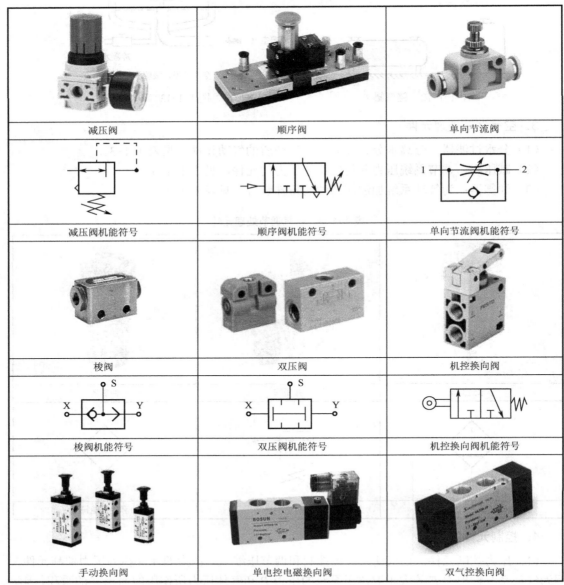

减压阀	顺序阀	单向节流阀
减压阀机能符号	顺序阀机能符号	单向节流阀机能符号
梭阀	双压阀	机控换向阀
梭阀机能符号	双压阀机能符号	机控换向阀机能符号
手动换向阀	单电控电磁换向阀	双气控换向阀

手动换向阀机能符号	单电控电磁换向阀机能符号	双气控换向阀机能符号
单气控换向阀	双电控电磁换向阀	
单气控换向阀机能符号	双电控电磁换向阀机能符号	

5．执行元件

（1）气缸：将压力能转化成做直线往复运动的机械能输出，见表 1-1-5。

（2）摆动气缸：将压力能转化成做曲线运动的机械能输出，见表 1-1-5。

（3）气电动机：将压力能转化成做连续旋转运动的机械能输出，见表 1-1-5。

表 1-1-5　气动执行元件

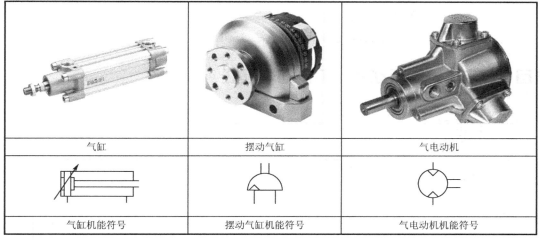

气缸	摆动气缸	气电动机
气缸机能符号	摆动气缸机能符号	气电动机机能符号

6．辅助元件

（1）气管：起连接各气动元件，形成回路，对压缩空气做进一步处理等作用。

（2）接头：介于管路与元件之间，起连接作用，见表 1-1-6。

（3）压力表：压力高低指示仪，见表 1-1-6。

（4）消声器：降低排气所产生的噪声，见表 1-1-6。

表 1-1-6　常用的气动辅助元件

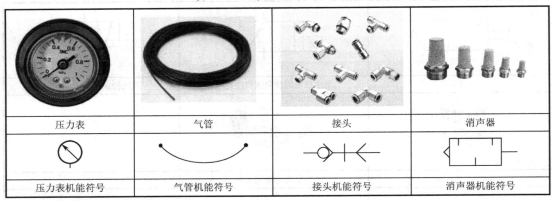

压力表	气管	接头	消声器
压力表机能符号	气管机能符号	接头机能符号	消声器机能符号

7．传动介质

气动系统的传动介质是压缩空气，其作用是传递动力。功效是通过压缩空气的流动将能量提供给执行元件。

思考题1

1．工业自动化设备上为什么大量采用气动技术？

2．气动系统的工作原理是什么？

3．气动系统由哪几部分组成？各部分的典型元件是什么？所起的作用是什么？

4．气动系统有哪些优点？

5．气动系统的组成结构和人体结构有什么相似之处？

6．举出 5 例日常所见的气动实例。

7．在气动实验台上进行装调气动回路应该注意哪些事项？

项目2　机床夹具气动系统的认知与实践

教学导航

知识重点	了解单作用气缸的结构、工作原理；了解控制单作用气缸的（3/2）二位三通换向阀；掌握简单气动回路的设计
知识难点	气动回路的设计
技能重点	能识别单作用气缸、压力和方向控制元件，能在实验台上进行单作用气缸系统的安装与调试
技能难点	单作用气缸系统的安装与调试
推荐教学方式	从工作任务入手，通过对相关元件——单作用气缸、换向阀和气动二联件的分析，使学生了解基本气动元件、气动系统组成；通过在实验台上连接回路，掌握气动系统的工作原理及应用
推荐学习方法	通过结构图，从理论上认识气动元件；通过观察实物剖面模型，从感性上了解气动元件；通过动手进行安装、调试，真正掌握所学知识与技能
建议学时	2 学时

任务 2.1　机床夹具气动系统的认知

任务介绍

为了提高加工效率，人们通常使用如图 1-2-1 所示的造价低、安装与调试简单的气动控制机床夹具对工件进行快速夹紧和定位。当按动按钮时，单作用气缸伸出，松开夹持的工件；当松开按钮时，单作用气缸自动返回并夹紧工件。试设计气动回路并在实验台上进行安装与调试。

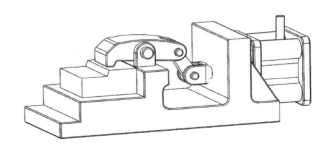

图 1-2-1　机床夹具示意图

相关知识

1. 单作用气缸的结构和工作原理及机能符号

从项目一中可知气缸是气动执行元件中的一种，做直线往复运动。气缸可分为单作用气缸和双作用气缸两种。单作用气缸利用压缩空气输出一个方向的运动，另一个方向的运动靠弹簧力或外力实现，如图 1-2-2 所示。

机能符号　　　　　　　　　　　　　　　　　　短行程结构

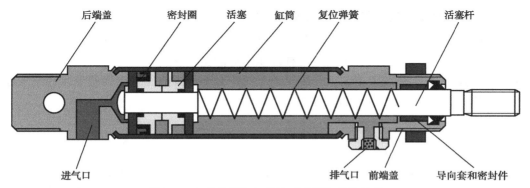

后端盖　　密封圈　　活塞　　缸筒　　复位弹簧　　　　活塞杆

进气口　　　　　　　　　　　　　　　　排气口　前端盖　　导向套和密封件

图 1-2-2　单作用气缸结构示意图和机能符号

压缩空气从左进气口进入气缸时，作用在活塞的左端面，产生向右的推力，当推力大于活塞右端的弹簧力和摩擦力时，则活塞向右移动，活塞杆伸出；当左进气口与大气接通时，

则活塞在弹簧力的作用下向左运动，使活塞杆返回初始位置。

2.（3/2）二位三通换向阀的结构和工作原理及机能符号

通过对单作用气缸工作原理的分析可知，要想控制气缸活塞杆的运动方向，只需要控制压缩空气流动的方向，即控制压缩空气进入左气口，气缸的活塞杆伸出；压缩空气从左气口排出，气缸的活塞杆返回。

如图 1-2-3 所示的（3/2）二位三通换向阀，采用滑阀式结构，控制换向方式采用气控式；阀芯复位采取弹簧式（见图（c））、气控式（见图（b）、（d），其阀芯面积不同）。

当控制口 12（Z）没有通入压缩空气时，阀芯被弹簧力推向左端，1（P）口截止，2（A）口和 3（R）口导通；当控制口 12（Z）通入压缩空气时，作用在阀芯上的气压力克服弹簧力将阀芯推向右端，1（P）口与 2（A）口导通，3（R）口截止。

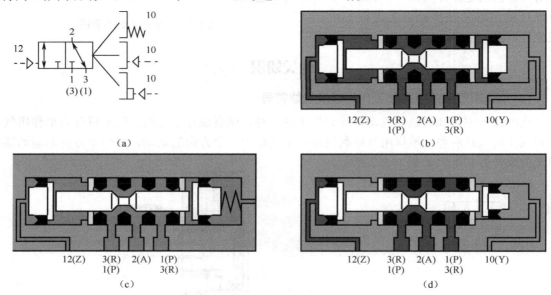

图 1-2-3 （3/2）二位三通换向阀结构示意图和机能符号

3. 气动二联件的结构和工作原理及机能符号

从项目一中已了解到，压缩空气是利用空气压缩机，将自然界的空气经过压缩而制造出来的，但由于空气中含有灰尘和杂质，这种经压缩后的空气在输入系统前，还需经过一系列的处理，才能输入气动系统，下面就介绍气动系统中必不可少的压缩空气调节元件——分水过滤器和减压阀，它们组合在一起又称气动二联件。

1）分水过滤器

分水过滤器如图 1-2-4 所示。

当压缩空气从入口进入分水过滤器后，经过旋风叶片后，气体产生旋转，其中夹带的水滴、油滴及大颗粒固体杂质在离心力的作用下被甩出，沿杯壁流到分水过滤器底部，剩下的压缩空气通过中间滤芯从出口排出，滤芯会将大于滤孔尺寸的杂质拦截，打开底部排水阀，可将过滤出的水油杂质混合物排出。

2）减压阀的结构和工作原理及机能符号

空压机输出压缩空气的压力通常都高于气动系统所需要的工作压力，因此需要减压阀来降低压力，并维持压力在调定值，所以每一个气动系统都需要使用减压阀。减压阀的作用是降低压缩空气的压力，以适于每台气动设备的需要，并使气体压力保持稳定，起减压和稳压的作用。

如图 1-2-5 所示为减压阀结构示意图。

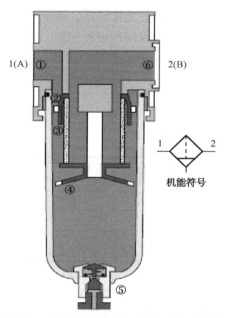

①—入口；②—旋风叶片；③—滤芯；④—挡水板；

⑤—排水阀；⑥—出口

图 1-2-4 分水过滤器结构示意图和机能符号

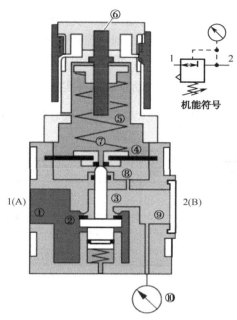

①—入口；②—节流口；③—减压阀阀芯；④—平衡膜片；

⑤—调压弹簧；⑥—调节螺杆；⑦—溢流阀座；⑧—阻尼孔；

⑨—出口；⑩—压力表

图 1-2-5 减压阀结构示意图和机能符号

当旋转调压手轮通过调节螺杆压缩调压弹簧时，在弹簧力的作用下，节流口打开，从入口进入的压缩空气经节流口减压后，从出口流出，通过旋转调压手轮，可改变调压弹簧的压缩量，从而可控制节流口的开口大小，达到控制出口压力高低的目的。节流口越大，阻力越小，出口压力越高；节流口越小，阻力越大，出口压力越低。

当出口压力受负载的影响发生变化时，如负载变大、出口压力增高，作用在平衡膜片上向上的作用力增大，平衡被打破，平衡膜片上移，减压阀芯在平衡弹簧的作用下上移，节流口关小，出口压力减小，即恢复设定压力，达到稳压的目的；若出口压力继续升高，膜片上移量大，节流口关闭，减压阀阀芯与溢流阀阀座脱开，气体从溢流口流出，压力下降，平衡膜片逐渐下移，找到新的平衡位置。当负载变小、出口压力降低时，作用在平衡膜片上向上的作用力变小，平衡被打破，膜片下移，减压阀阀芯下移，节流口开大，出口压力增高，即恢复设定压力，达到稳定压力的目的。从中不难看出，无论负载变大还是变小，减压阀总是具有将出口压力稳定在调定压力附近的功能，因此减压阀也称为调压阀。直动式减压阀适用

于小流量、低压系统。

任务 2.2　机床夹具气动系统的实践练习

1. 机床夹具气动系统设计

了解了气动执行元件、方向控制元件，如何设计气动送料系统呢？

由前面学习已知气动系统是由气源、执行元件、控制元件和辅助元件组成的，因此，要完成此系统，首先需要气源。其次根据任务要求选择单作用气缸作为推料缸，由于单作用气缸只有一个气口需要控制，因此选择具有一个输出口的二位三通换向阀进行控制。最后通过管路等气动辅助元件，将系统组成封闭系统。

2. 机床夹具气动系统任务实践

1）机床夹具气动系统实验练习所需元件（见表1-2-1）

表1-2-1　元件清单

位　置　号	数　量	说　　明	机　能　符　号
01	1	带球阀式（3/2）二位三通换向阀的压缩空气预处理单元（分水过滤器、调压阀和压力表）	
02	1	六通分配器	
03	1	单作用气缸	
06	1	（3/2）二位三通换向阀，带手动按钮，初始位置常断	
09	1	气控（3/2）二位三通换向阀，初始位置常断	
		附件（软管等）	

2）机床夹具气动系统在实验底板上元件建议安装位置（见图1-2-6）

3）机床夹具气动系统分析（见图1-2-7）

在图1-2-7中：

（1）单作用气缸（Z1）活塞杆的初始位置为缩回状态。在按动按钮式开关（S1）后，活塞杆应伸出。

（2）注意，控制一个大尺寸的气缸（活塞的直径大）需要一个相应大通径的换向阀。

（3）气缸可以被安装在距离按钮式开关（S1）有一定距离的地方。

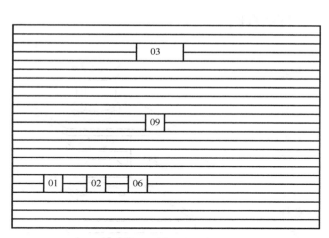

图 1-2-6　建议安装位置

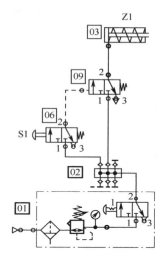

图 1-2-7　机床夹具气动回路图

（4）在松开手动按钮式开关（S1）后，气缸的活塞应自动返回到它的初始位置。

（5）回路图中控制管路是指在信号元件的输出端（如 S1）和主控元件的控制端（如单气控（3/2）二位三通换向阀，接口 12）之间的连接管路，该连接线用虚线表示。

实践练习结论：

　　大尺寸的气缸不能使用小通径的换向阀进行**直接**控制，但是通过安装一定通径的**气控（3/2）二位三通换向阀**可以实现对这类气缸进行**间接**控制。

项目3　工件冲压成型装置气动系统的认知与实践

教学导航

知识重点	掌握带缓冲装置的双作用气缸的结构和工作原理、单气控（5/2）二位五通换向阀的结构、工作原理，确定最低换向压力，以及使用该阀进行气动应用回路的设计
知识难点	气动回路设计
技能重点	能识别双作用气缸、压力和方向控制元件，能在实验台上进行气动系统的安装与调试
技能难点	气动系统的安装与调试
推荐教学方式	从工作任务入手，通过对相关元件——单气控（5/2）二位五通换向阀的分析，使学生了解基本气动元件、气动系统的组成；通过在实验台上搭接回路，掌握气动系统的工作原理及应用
推荐学习方法	通过结构图从理论上认识气动元件，通过观察实物剖面模型，从感性上了解气动元件，通过动手进行安装调试，真正掌握所学知识与技能
建议学时	2 学时

任务 3.1 工件冲压成型装置系统的认知

任务介绍

为了使工件成型,通常可以采用一个双作用气缸驱动成型冲头的方式,对工件产生冲击力进行冲压成型。

下面介绍的是一种在生产中经常采用的、造价低、安装与调试简单,利用一个单气控(5/2)二位五通换向阀控制一个双作用气缸的工件冲压成型装置。

如图 1-3-1 所示,将工件放到夹具中,按动一个启动按钮后,双作用气缸的活塞杆伸出并将工件冲压成型。由于成型力较大,需要使用输出力较大的气缸(活塞直径较大),所以主控元件(换向阀)必须具有较

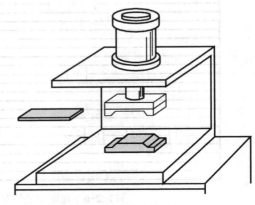

图 1-3-1 工件冲压成型装置示意图

大的通径。主控元件应该通过一个容易操纵的信号元件(按钮式小通径元件)来控制。冲压过程时间的长短与按动手动按钮的时间一样长。松开手动按钮后,气缸的活塞杆自动返回它的上端的终点位置。

相关知识

1. 双作用气缸的结构和工作原理及机能符号

从项目一中已知单作用气缸,它利用压缩空气输出一个方向的运动,另一个方向的运动靠弹簧力或外力实现。顾名思义,双作用气缸就是分别利用压缩空气实现两个方向的运动,并输出两个方向的作用力。其典型结构如图 1-3-2 所示。

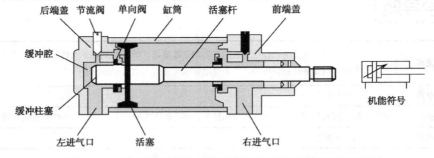

图 1-3-2 带缓冲装置的双作用气缸结构示意图和机能符号

压缩空气从图中左进气口进入气缸,作用在活塞左端面,产生向右的推力,当推力大于摩擦力时,活塞向右移动,活塞杆伸出;当左进气口与大气接通,压缩空气从图中右进气口进入气缸时,作用在活塞右端环形端面,产生向左的推力,当推力大于摩擦力时,活塞向左移动,活塞杆缩回到初始位置。

气缸的活塞在缸筒中做往复运动,活塞运行到终端会与端盖产生机械碰撞,造成机件变

形、损坏及产生噪声，因此需考虑气缸运行到接近终端的位置要进行缓冲。缓冲的方式有很多，如借助橡胶垫、弹簧、压缩空气等，其中，较常见的是利用压缩空气产生的背压进行缓冲，其原理是活塞在接近行程终端前，借助背腔的排气受阻，使背腔形成一定的压力，反作用在活塞上，使气缸运行速度降低。采用此种方法进行缓冲的气缸为缓冲气缸。

2.（5/2）二位五通换向阀的结构和工作原理及机能符号

如图 1-3-3 所示的（5/2）二位五通换向阀采用滑阀式结构，控制换向方式采用气控式；阀芯复位采取弹簧式（上图）、气控式（中图和下图的阀芯面积不同）。

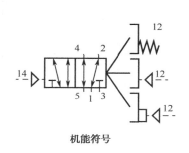

机能符号

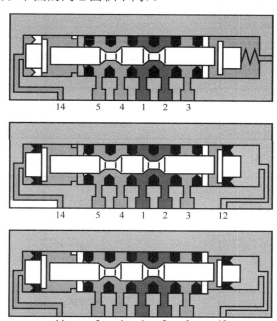

图 1-3-3　（5/2）二位五通换向阀结构示意图和机能符号

当控制口 14 没有通入压缩空气时，阀芯被弹簧力推向左端，1 口与 2 口导通，4 口与 5口导通，3 口截止；当控制口 14 通入压缩空气时，作用在阀芯上的气压力克服弹簧力将阀芯推向右端，1 口与 4 口导通，2 口与 3 口导通，5 口截止。

与（3/2）二位三通换向阀一样，单气控（5/2）二位五通换向阀作为主控元件也可以用来直接控制气缸。二位五通换向阀采用机械式弹簧复位。为了使阀芯能够克服弹簧力进行运动，作用在阀芯上的力必须大于弹簧力。为了使其能够换向，在控制口上必须要有一个最低换向压力。

任务 3.2　工件冲压成型装置气动系统的实践练习

1. 工件冲压成型装置气动系统设计

了解了气动执行元件、方向控制元件，那么如何来设计工件冲压成型装置呢？

由前面学习已知气动系统是由气源、执行元件、控制元件和辅助元件组成的，因此，完成此装置，首先需要气源。其次根据任务要求选择双作用气缸作为冲压缸，根据前面工况的描述，应该选择一个具有较大通径的单气控（5/2）二位五通换向阀来控制一个双作用气缸的运动；同时，还应该选择一个按钮式小通径（3/2）二位三通换向阀来控制单气控（5/2）二位五通换向阀。最后通过管路等气动辅助元件将气动元件组成系统。

2. 任务实践

1）工件冲压成型装置气动系统实验练习所需元件（见表1-3-1）

表1-3-1 元件清单

位 置 号	数 量	说 明	机 能 符 号
01	1	带球阀式（3/2）二位三通换向阀的压缩空气预处理单元（分水过滤器、调压阀和压力表）	
02	1	六通分配器	
04	1	双作用气缸，带可调节弹性缓冲装置	
06	1	按钮式（3/2）二位三通换向阀，初始位置常断	
10	1	单气控（5/2）二位五通换向阀	
		附件（软管等）	

2）工件冲压成型装置气动系统在实验底板上元件建议安装位置（见图1-3-4）

3）工件冲压成型装置气动系统分析（见图1-3-5）

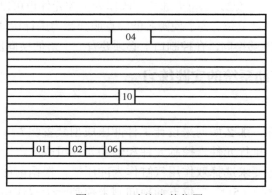

图1-3-4 建议安装位置

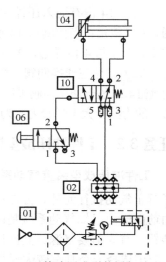

图1-3-5 工件冲压成型装置气动回路图

在图 1-3-5 中：

（1）双作用气缸（执行元件 Z1）活塞杆的初始位置应该为缩回状态。按下按钮（控制元件 S1）后，活塞杆应该伸出。

（2）注意：控制一个大尺寸的气缸（活塞的直径大）需要一个相应大通径的换向阀。

（3）松开按钮（S1）后，气缸的活塞应自动返回它的初始位置。

（4）气缸可以被安装在距离按钮（S1）有一定距离的地方。

（5）根据 ISO 5599 或 RP 68 P 标准，所有的连接都应标注接口代码。

（6）回路图中控制管路是指在信号元件的输出端（如按钮 S1）和主控元件的控制端（如单气控（5/2）二位五通换向阀，接口 14）之间的连接管路，该连接线用虚线表示。

实践练习结论：

　　单气控（5/2）二位五通换向阀像所有的气控换向阀一样，可以用一个 *（3/2）二位三* *通换向阀*（作为信号元件）进行操纵。信号元件的功能（如（3/2）二位三通换向阀）主要采用的是*初始位置常断式*。

项目 4　沙发使用寿命测试装置气动系统的认知与实践

教学导航

知识重点	了解控制双作用气缸的换向阀的结构和工作原理及机能符号；掌握气动循环往返回路的设计
知识难点	气动回路的设计
技能重点	能识别双作用气缸、双气控（5/2）二位五通换向阀；能在实验台上进行双作用气缸系统的安装与调试
技能难点	双作用气缸系统的安装与调试
推荐教学方式	从工作任务入手，通过对相关元件——双作用气缸、双气控（5/2）二位五通换向阀的分析，使学生了解双作用气缸、气动方向控制元件；通过在实验台上搭接回路，掌握双作用气缸气动系统循环往返回路的工作原理及应用
推荐学习方法	通过结构图，从理论上认识气动元件；通过观察实物剖面模型，从感性上了解气动元件；通过动手进行安装、调试，真正掌握所学知识与技能
建议学时	4 学时

任务 4.1　沙发使用寿命测试装置气动系统的认知

任务介绍

　　为了测试沙发的使用寿命是否满足设计要求，需要一种装置来模拟人们在日常生活中坐沙发的过程，下面介绍的是一种利用双作用气缸的往复运动来模拟人坐沙发时的起坐动作。

　　如图 1-4-1 所示，当按动启动开关后，双作用气缸伸出，到头后自动返回，并往复循环，直到按下停止按钮，气缸停止在初始位置，试设计气动回路并在实验台上进行安装与调试。

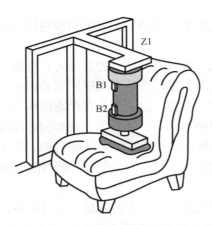

图 1-4-1　沙发使用寿命测试装置示意图

相关知识

1．双气控（5/2）二位五通换向阀的结构和工作原理及机能符号

如图 1-4-2 所示，压缩空气从 14 口进入作用在阀芯的左面，气压力使得阀芯向右移动，则 1 口与 4 口相通，2 口和 3 口相通，5 口截止。此时，从 1 口进入的压缩空气将会从 4 口排出，2 口的气体从 3 口排出。如果压缩空气从 12 口进入作用在阀芯的右面，气压力使得阀芯向左移动，则 1 口与 2 口相通，4 口和 5 口相通，3 口截止。此时，从 1 口进入的压缩空气将会从 2 口排出，4 口的气体从 5 口排出。由于此阀芯两端没有安装复位弹簧，因此此阀具有记忆功能，脉冲控制信号可达到阀芯换向并保持换向的目的。

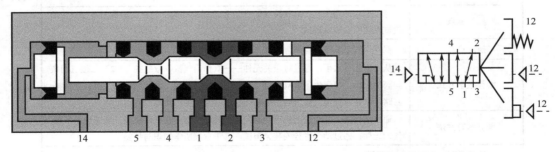

图 1-4-2　双气控（5/2）二位五通换向阀结构示意图和机能符号

2．行程开关式换向阀的结构和工作原理及机能符号

行程开关是机械控制换向阀中的一种，如图 1-4-3 所示，其工作原理为当滚轮受压时，小活塞下移，P 口的压缩空气进入主阀芯的上腔，并推动主阀芯下移，压缩空气从 P 口流入，A 口流出，R 口截止。P 口与 R 口可互换。

3．换向阀小结

换向阀操纵力：换向阀换向是需要对阀芯施加操纵力的，操纵力有电磁力、人力、机械力和气压力操纵之分，具体表示方法见表 1-4-1。

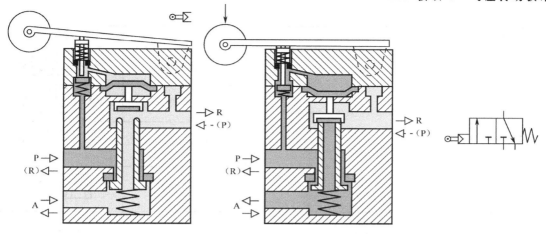

图 1-4-3　行程开关式换向阀的结构示意图和机能符号

表 1-4-1　操纵力的表示方法（以二位三通阀为例）

控制形式	说　明	名　称	机能符号
电磁力操纵	利用电磁线圈通电时，静铁芯对动铁芯产生电磁吸力，使阀切换以改变气体流动方向的阀，称为电磁操纵换向阀，简称电磁阀。这种阀易于实现电、气先导控制，能实现远距离操作，故得到广泛应用	直动式电磁控制	
		先导式电磁控制	
人力操纵	依靠手、脚的操纵力使阀芯切换的换向阀称为人力控制换向阀。它可分为手动阀和脚踏阀两大类。人力控制与其他控制方式相比，操作灵活，动作速度较慢。因操纵力不宜大，所以阀的通径较小，使用频率较低。在手动气动系统中，一般用来直接操纵气动执行机构；在半自动和自动系统中，多作为信号阀使用	泛指人工操作	
		泛指人工操作（定位）	
		按钮开关	
		按钮开关（定位）	
		扳把开关	
		扳把开关（定位）	
		钥匙开关	
		脚踏开关	
		带定位脚踏开关	

续表

控制形式	说　明	名　称	机能符号
机械力操纵	利用凸轮、撞块或其他机械外力换向的阀，称为机械控制换向阀，简称机控阀。这种阀常作为信号阀使用	顶杆式	
		滚轮式	
		可通过滚轮式	
		弹簧复位式	
气压力操纵	用气压力驱动阀换向简称气控阀。加压控制是输入的控制气压逐渐上升时阀芯切换。有单气控换向阀和双气控换向阀之分。 气压先导控制是利用气压力作用在先导阀上，推动先导阀开启，导通后压缩空气流入主阀一侧驱动主阀切换，此控制方式常与人力、机械、电气控制相结合形成复合控制	加压式	
		气控先导式	

换向阀工作位置的数量：换向阀的工作位置指换向阀的切换状态，有几个切换状态就有几个工作位置，即称为几位阀。例如，有两个工作位置简称二位阀，三个工作位置简称三位阀。

每一个工作位置用一个正方形表示，如三位阀用三个正方形表示"▭▭▭"，二位阀用两个正方形表示"▭▭"。

换向阀初始位置：换向阀的初始位置即未加控制信号时的位置。例如，人力操纵的换向阀的初始位置是指还没有对阀芯施加外力时阀芯所处的状态。

换向阀通路接口的数量：换向阀通路接口的数量是指换向阀的输入口、输出口和排气口的总数，不包括控制口数量。换向阀的接口可用字母表示，也可用数字表示（符合 ISO 标准）。两个接口相通用"↑"或"↓"表示，气流不通用"T"表示。表 1-4-2 为换向阀工作位置与通路接口的表示方法。

表 1-4-2　换向阀工作位置与通路接口的表示方法

名　称	二位换向阀					
	二位二通阀		二位三通阀		二位 四通阀	二位 五通阀
	常断	常通	常断	常通		
符　号						

续表

名　称	三位四通换向阀		
	中位封闭式（O形）	中位泄压式（Y形）	中位加压式（P形）
符　号			
名　称	三位五通换向阀		
	中位封闭式（O形）	中位泄压式（Y形）	中位加压式（P形）
符　号			

注：① 数字"1"表示输入口，也可用字母"P"表示；

　　② 数字"2"、"4"表示输出口，也可用字母"A"或"B"表示；

　　③ 数字"3"、"5"表示排气口，也可用字母"R"或"S"表示。

任务 4.2　沙发使用寿命测试装置气动系统的实践练习

1．沙发使用寿命测试装置气动系统设计

了解了双作用气缸、双气控（5/2）二位五通换向阀、行程开关等知识，如何来完成沙发使用寿命测试装置气动系统的设计？由于要求测试气缸往返运动模仿人坐沙发的动作，所设计的气动系统中的气缸必须在启动开关后能做往复运动，因此需要借助行程开关在气缸的前后终端发出信号。另外，信号发出后直到下一个信号出现，气缸的运动方向才能改变，这可借助双气控换向阀实现，在要求中提到使用的是双作用气缸，控制气缸的阀可选用具有两个输出的（5/2）二位五通换向阀。由前面学习已知，气动系统是由气源、执行元件、控制元件和辅助元件组成的，因此，要完成此系统，还需要气源和气动辅助元件，并通过管路等气动辅助元件，将系统组成封闭系统。

2．沙发使用寿命测试装置气动系统任务实践

1）沙发使用寿命测试装置气动系统实验练习所需元件（见表1-4-3）

表 1-4-3　元件清单

位　置　号	数　量	说　明	机能符号
01	1	带球阀式（3/2）二位三通换向阀的压缩空气预处理单元（分水过滤器、调压阀和压力表）	
02	1	六通分配器	

续表

位 置 号	数　量	说　明	机 能 符 号
03	1	双作用气缸	
06	1	（3/2）二位三通换向阀，带手动按钮，初始位置常断	
07	2	（3/2）二位三通换向阀，行程开关	
09	1	双气控（5/2）二位五通换向阀	
		附件（软管等）	

2）沙发使用寿命测试装置气动系统建议在实验底板上元件的安装位置（见图1-4-4）

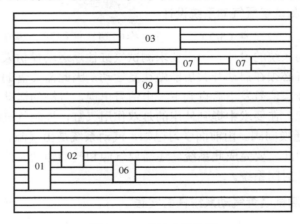

图1-4-4　建议安装位置

3）沙发使用寿命测试装置气动系统分析（见图1-4-5）

在图1-4-5中：

（1）双作用气缸活塞杆的初始位置为缩回状态。在按动按钮后，活塞杆应伸出。

（2）如果按动启动按钮，并且安装在气缸后端终点位置的滚轮行程开关（B1）也被压下，则气信号到达双气控换向阀的左端控制口并使阀芯换向，气缸的活塞杆伸出。

（3）如果行程开关（B2）被活塞杆的头部压下，则信号会到达双气控换向阀的右端控制口并使阀芯复位，活塞杆返回。

（4）气缸的活塞杆返回到后端终点位置，行程开关（B1）再次被压下，气信号再次到达双气控换向阀的左端控制口并使阀芯再次换向，气缸的活塞杆将再次伸出，开始新的运动。

（5）使用单向节流阀对气缸伸出方向的运动速度进行无级调节。

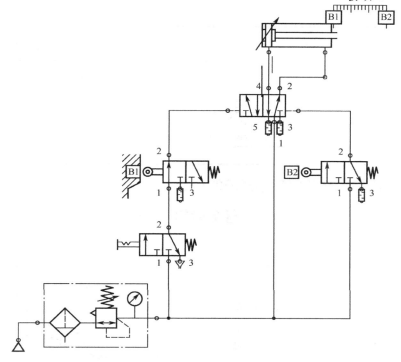

图 1-4-5 沙发使用寿命测试装置气动系统回路图

4）实验中需注意的问题

（1）元件在实验底板上安装的位置应与建议所安装的位置（见图 1-4-4）一致。

（2）用压缩空气预处理单元中的调压阀设置工作压力为 $P=6$ bar。

（3）根据回路图，用塑料软管和附件将元件连接起来。

（4）转动球阀接通压缩空气。

（5）注意行程开关安装的方向。

（6）开始实验练习并检查功能是否正确。

> 实践练习结论：
>
> 　　双气控二位换向阀（如（5/2）二位五通换向阀）能够*记忆气动信号*并且总是用两个气动信号（（3/2）二位三通换向阀）进行控制。双气控二位换向阀可以*保持*在换向的位置上，直到接收到反向控制信号为止（另一端不受压缩空气的作用）。因此，双气控二位换向阀没有定义初始位置（相当于双稳定元件）。

项目 5　皮带压花装置气动系统的认知与实践

教学导航

知识重点	掌握单向节流阀、消音器、快速排气阀的结构和工作原理，以及使用该类阀进行气动应用回路的设计

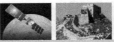

续表

知识难点	气动回路的设计
技能重点	能识别用双作用气缸、压力、方向和流量控制元件，能在实验台上进行气动系统的安装与调试
技能难点	双作用气缸系统的安装与调试，气缸速度调节
推荐教学方式	从工作任务入手，通过对相关元件——单向节流阀、快速排气阀、消音器的分析，使学生了解气动元件、气动系统的组成；通过在实验台上搭接回路，掌握气动系统的工作原理及应用
推荐学习方法	通过结构图，从理论上认识气动元件；通过观察实物剖面模型，从感性上了解气动元件；通过动手进行安装、调试，真正掌握所学知识与技能
建议学时	2 学时

任务 5.1 皮带压花装置气动系统的认知

任务介绍

为了对皮带进行压花，通常可以采用一个双作用气缸驱动压花模头的方式，对皮带进行压花成型。

如图 1-5-1 所示，将皮带插入到压花模具之中，当按动一个手动按钮后，一个大通径气缸的活塞杆伸出，并带动压花摸头在皮带上压出一个装饰花纹；通过按动第二个手动按钮使活塞杆快速返回。另外要求，当气缸伸出时，速度应该可以无级调节；当气缸返回时，活塞杆应该能尽可能快地返回到上端终点位置。

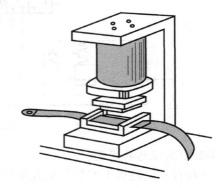

图 1-5-1　皮带压花装置示意图

相关知识

1. 单向节流阀的结构和工作原理及机能符号

如图 1-5-2 所示，单向节流阀由一个可调节的节流阀和一个与之并联的单向阀组成。单向节流阀常用于控制气缸的运动速度，故也常称为速度控制阀。单向阀只允许气体从一个方向上流过，而反向截止。所以，使得安装在其中的节流阀只在一个方向上起节流作用。单向阀属于方向控制阀，而单向节流阀属于流量控制阀。

如图 1-5-3 所示，单向节流阀也有拧入式结构，它可以被直接拧在气缸的接口上。

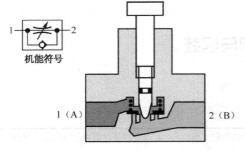

图 1-5-2　单向节流阀结构示意图和机能符号

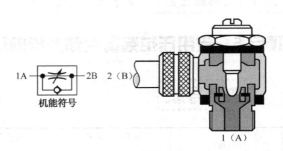

图 1-5-3　拧入式单向节流阀结构示意图和机能符号

2. 单向节流阀的应用举例

图 1-5-4 为单向节流阀的应用举例回路。

3. 消声器的结构和工作原理及机能符号

当气流进入消声器后，首先膨胀扩散、减速、碰壁撞击后反射，反射后的气流束相互撞击干涉，进一步降低能量，通过敷设在消声器内壁的吸声材料排向大气，低频噪声可降低约 20 dB，高频噪声降低约 45 dB。

4. 消声器的应用

消声器是能削弱声音传播的分贝而允许气流通过的一种气动元件。排气速度在消声器的内部被减小，因此，降低了排气噪声。消声器的材料绝大多数采用铜珠烧结制成。消声器也具有过滤作用，例如，安装在单作用气缸的吸气口和先导式换向阀吸气口上。消声器的结构和机能符号如图 1-5-5 所示。

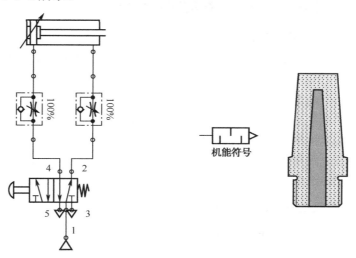

图 1-5-4　单向节流阀的应用　　图 1-5-5　消声器的结构示意图和机能符号

5. 快速排气阀的结构和工作原理及机能符号

如图 1-5-6 所示，当 1 口进入压缩空气时，将阀芯迅速推向右边，使 1 与 2 导通，同时，封闭排气口 3；当 2 口进气时，阀芯迅速左移，封闭 1 口，打开 3 口，使 2 口的气体通过 3 口排出，由于 3 口面积较大，气体可快速排出。

6. 快速排气阀的应用举例

要想使气缸运动得尽可能快，应该使用快速排气阀。快速排气阀应用于使气动元件和装置快速排气的场合。例如，把它装在换向阀和气缸之间（应尽量靠近气缸进、排气口，或直接拧在气缸进、排气口），使气缸排气时不用通过换向阀而直接排出。快速排气阀的应用举例如图 1-5-7 所示。

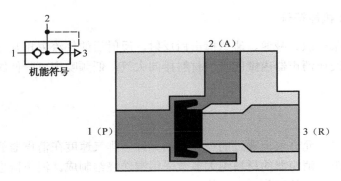

图 1-5-6　快速排气阀结构原理图和机能符号　　　　图 1-5-7　快速排气阀的应用

任务 5.2　皮带压花装置气动系统的实践练习

1. 皮带压花装置气动系统设计

了解了单向节流阀、消声器、快速排气阀的工作原理和简单应用后，如何设计皮带压花装置的气动系统呢？

由前面学习已知气动系统是由气源、执行元件、控制元件和辅助元件组成的，因此，要完成此系统，首先需要气源。其次根据任务要求选择双作用气缸作为压模驱动缸，由于双作用气缸有两个气口需要控制，因此，选择具有两个输出口的二位五通换向阀进行控制，两个输出口分别接单向节流阀和快速排气阀，并在快速排气阀上安装消声器。最后通过管路等气动辅助元件将气动元件组成系统。

2. 皮带压花装置气动系统任务实践

1）皮带压花装置气动系统实验练习所需元件（见表 1-5-1）

表 1-5-1　元件清单

位　置　号	数　　量	说　　　明	机　能　符　号
01	1	带球阀式（3/2）二位三通换向阀的压缩空气预处理单元（分水过滤器、调压阀和压力表）	
02	1	六通分配器	
03	1	按钮式（3/2）二位三通换向阀，初始位置常断	

位 置 号	数 量	说 明	机 能 符 号
04	1	按钮式（3/2）二位三通换向阀，初始位置常断	
05	1	双气控（5/2）二位五通换向阀	
06	1	带消声器的快速排气阀	
07	1	单向节流阀	
08	1	双作用气缸	
		附件（软管等）	

2）皮带压花装置气动系统建议在实验底板上元件的安装位置（见图1-5-8）

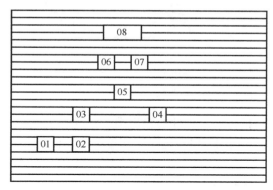

图1-5-8 建议安装位置

3）皮带压花装置气动系统分析（见图1-5-9）

在图1-5-9中：

（1）双作用气缸（Z1）活塞杆的初始位置为缩回状态。在按动按钮（S1）后，活塞杆应伸出。

（2）注意，控制一个大尺寸的气缸（活塞的直径大）需要一个相应大通径的换向阀。

（3）气缸可以被安装在距离按钮（S1）有一定距离的地方。

（4）按动按钮（S2）后，气缸的活塞应返回到它的初始位置，气缸左侧的气体通过快速排气阀排出。

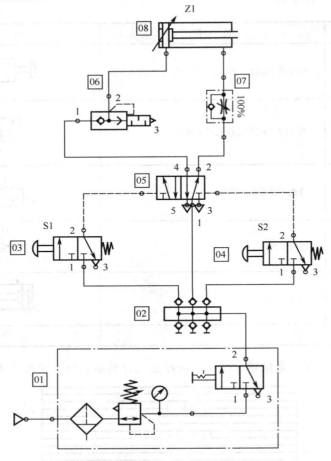

图1-5-9　皮带压花装置气动系统回路图

（5）回路图中控制管路指在信号元件的输出端（如按钮 S1）和主控元件的控制端（如双气控（5/2）二位五通换向阀，接口 14）之间的连接管路，该连接线用虚线表示。

实践练习结论：

　　双气控（5/2）二位五通换向阀像所有的气控换向阀一样，可以使用 *（3/2）二位三通换向阀*（作为信号元件）进行操纵。信号元件的功能（如（3/2）二位三通换向阀）主要采用的是*初始位置常断式*。

项目6　落料传送装置气动系统的认知与实践

教学导航

知识重点	掌握梭阀、双压阀的工作原理以及多个信号的"或"、"与"逻辑关系。同时，使用该类阀进行气动应用回路设计
知识难点	信号的"或"、"与"逻辑关系

技能重点	掌握信号的"或"、"与"逻辑关系，并画出气动回路图。在实验练习台上检验回路的功能
技能难点	梭阀和双压阀的逻辑连接
推荐教学方式	从工作任务入手，通过对相关元件——梭阀、双压阀的分析，明确信号的逻辑关系，使学生了解多个信号的逻辑关系及相关气动回路的组成，通过在实验台上搭接回路，掌握气动系统工作原理及应用
推荐学习方法	从通过结构图从理论上认识气动元件，通过观察实物剖面模型，从感性上了解气动元件，通过动手进行安装调试真正掌握所学知识与技能
建议学时	4 学时

任务 6.1　落料传送装置气动系统的认知

任务介绍

在自动化生产线上经常会遇到自动送料装置，落料传送装置如图 1-6-1 所示，该装置用一个推料气缸完成送料的过程。落料传送装置通过一个弹簧顶杆阀（S3）来监控料仓里是否有工件。如果料仓里有 3 个以上工件，气动光学显示器（L1）将显示。当料仓中至少存有 4 个工件时，设备才可以启动。用手动按钮（S1）或脚踏按钮（S2）来控制设备的启动。然后，双作用气缸的活塞杆伸出并从料仓中推出一个工件。顶杆式行程开

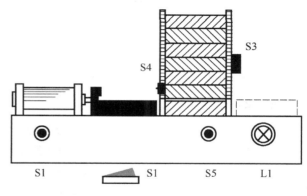

图 1-6-1　落料传送装置示意图

关（S4）检测气缸的活塞杆是否到达前端终点位置，并且确实将工件从料仓中推出。如果活塞杆确实在它的前端终点位置上（S4 被压下），则表明活塞杆处于伸出状态。通过按动手动按钮（S5）使活塞杆退回。试设计气动回路并在实验台上进行安装与调试。

相关知识

1．梭阀的结构和工作原理及机能符号

如图 1-6-2 所示，梭阀有两个输入口和一个输出口。当输入口 E1 或输入口 E2 有压力时，输出口 A 就有压力。因为当 E1 或 E2 有信号时，在输出口总有一个信号。所以，梭阀也被称为"或门"元件并且具备逻辑或功能。

2．梭阀的应用举例

总是被用在两个气动信号彼此有逻辑关系的场合，如图 1-6-3 所示。例如，由两个不同的位置发出信号控制一个气动元件。在该元件的内部装有一个密封件或一个小球。当两个输入口中的一个有信号时，另一个输入口被封闭，为的是防止压缩空气从另外一个口流出。如

果在两端同时有信号，那么密封件会处于不定的位置。但是压缩空气仍然会流到输出口。如果压力不一样大的话，总是较高的压力从输出口输出。因为，梭阀没有自己的排气口，所以排气必须通过信号元件来完成。

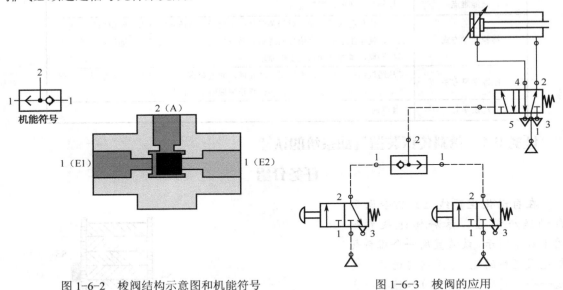

图 1-6-2　梭阀结构示意图和机能符号　　　　图 1-6-3　梭阀的应用

3．多个信号的"或"逻辑关系

梭阀没有自己的排气口，所以排气必须通过信号元件来完成。这种多组逻辑元件结构尺寸小，价格便宜。在一个单元中可以装有 3 组梭阀（见图 1-6-4）。各个元件的接口由单元中引出。为了能够进行正确的逻辑连接，输出口分别用 A1、A2 和 A3 表示，对应的输入口分别用 E1、E2、E3、E4、E5 和 E6 来表示。

4．双压阀的结构和工作原理及机能符号

双压阀有两个输入口 E1 和 E2 及一个输出口 A。只有当 E1 和 E2 有信号时，在双压阀的输出口才有一个信号输出。所以，双压阀也被称作"与门"元件或被称为气动与功能元件。

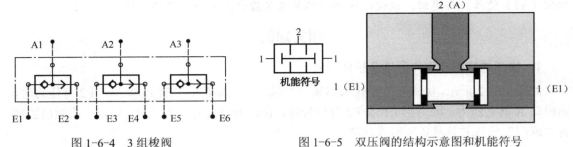

图 1-6-4　3 组梭阀　　　　　　图 1-6-5　双压阀的结构示意图和机能符号

5．双压阀的应用举例

双压阀像梭阀一样被用于处理气动信号的逻辑关系。双压阀又被称为"与门"元件。双压阀自身不能用作安全功能，在相应的组件中只能用作"与"功能。对于双压阀来讲，其结构条件决定了两个输入压力 E1 或 E2 中较小的一个可以到达输出口 A。

在压力波动和信号压力较弱（如信号管路较长）的场合，人们使用带换向阀的等效回路来代替双压阀。因此，可以使用压缩空气能双向流动的小通径的气控（3/2）二位三通换向阀，并且将较弱的输入信号（E1）连接在控制口 12 上，将较强的信号（E2）连接在接口 1 上。

双压阀的应用如图 1-6-6 所示，双压阀等效回路如图 1-6-7 所示。

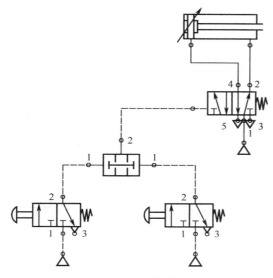 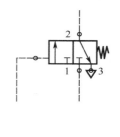

图 1-6-6　双压阀的应用　　　　　　　图 1-6-7　双压阀等效回路

6．多个信号的"与"逻辑关系

这种多组逻辑元件结构尺寸小，价格便宜，有 3 个"与"功能可供使用（见图 1-6-8）。当多个信号进行逻辑连接时和当存在不同的压力时，一定要考虑元件的对称串联（见图 1-6-9）。

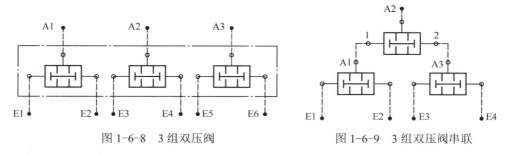

图 1-6-8　3 组双压阀　　　　　　　图 1-6-9　3 组双压阀串联

任务 6.2　落料传送装置气动系统的实践练习

1．落料传送装置气动系统设计

了解了梭阀、双压阀元件及多个信号之间"或"、"与"逻辑关系，如何设计落料传送装置的气动系统呢？

由前面学习已知梭阀、双压阀的工作原理及它们的"或"、"与"逻辑关系，因此，要想设计此系统，首先需要清楚落料传送装置气动系统动作的逻辑关系，并利用前面所学知识画

出气动回路图，标注出所有元件的接口代码。在实验练习板上连接出气动回路。使用一个按钮式（5/2）二位五通换向阀代替一个弹簧顶杆阀。将一个接口堵上，这样可以得到一个初始位置常通和初始位置常断的阀。

2. 落料传送装置气动系统任务实践

1）落料传送装置气动系统实验练习所需元件（见表 1-6-1）

表 1-6-1　元件清单

位　置　号	数　　量	说　　明	机　能　符　号
01	1	带球阀式（3/2）二位三通换向阀的压缩空气预处理单元（分水过滤器，调压阀和压力表）	
02	1	六通分配器	
1A	1	双作用气缸，带可调节弹性缓冲装置	
1V4	1	双气控（5/2）二位五通脉冲式换向阀	
1V3	1	双压阀	
1V2	1	双压阀	
1V1	1	梭阀	
1S1	1	按钮式手动换向阀，初始位置常断	
1S2	1	滚轮式（3/2）二位三通换向阀(代替脚踏按钮)	
1S4	1	滚轮式（3/2）二位三通换向阀	

续表

位　置　号	数　量	说　明	机　能　符　号
1S5	1	按钮式气控换向阀，初始位置常断	
1S3	1	弹簧顶杆阀（（3/2）二位三通换向阀）	
		附件（软管等）	

2）落料传送装置气动系统建议在实验底板上元件的安装位置（见图 1-6-10）

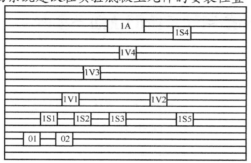

图 1-6-10　建议安装位置

3）落料传送装置气动系统分析（见图 1-6-11）

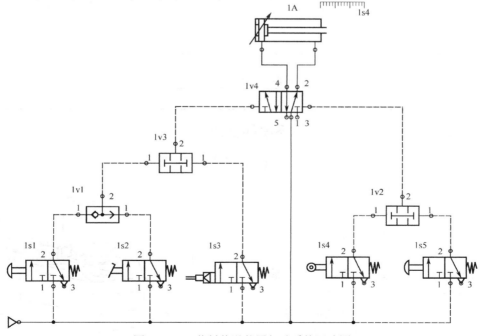

图 1-6-11　落料传送装置气动系统回路图

在图 1-6-11 中：

（1）当 1S3 检测到落料仓中至少有 4 块料即 1S3 被触动时（显示器 L1 显示有料），按动启动按钮（1S1）或踏动 1S2 后，推料气缸的活塞杆伸出，将从落料仓中落下的工件推到传送带上。

（2）注意，当活塞杆完全伸出并触动 1S4 时，表明活塞杆已到达前端终点位置，证明工件已被完全推出。

（3）与此同时按动手动按钮 1S5，气缸活塞杆完全退回到后端终点位置。

实践练习结论：

在气动控制系统中*梭阀*可以用作实现逻辑 *"或" 功能*，*双压阀*用于实现逻辑 *"与" 功能*，气动信号元件的串联也可以实现 *"与" 功能*。

项目 7　填充/灌装装置气动系统的认知与实践

教学导航

知识重点	了解气动时间控制回路的特点及工作原理；了解气动时间控制元件；了解信号延时接通、延时断开和带时间预选的气动延时阀。掌握简单的延时控制回路的设计
知识难点	双作用气缸延时控制回路的设计
技能重点	能识别延时阀的工作原理，能在实验台上进行延时控制回路系统的安装与调试
技能难点	气动时间控制元件的安装与调试
推荐教学方式	从工作任务入手，通过对相关元件——气动延时阀的分析，使学生了解气动元件、气动系统的组成；通过在实验台上搭接回路，掌握气动系统的工作原理及应用
推荐学习方法	通过结构示意图，从理论上认识气动元件；通过观察实物剖面模型，从感性上了解气动元件；通过动手进行安装、调试，真正掌握所学知识与技能
建议学时	2 学时

任务 7.1　填充/灌装装置气动系统的认知

任务介绍

在生产加工中，填充/灌装装置是比较常见的，例如在一个包装线的工作站上包装卫生陶瓷洁具并用聚苯乙烯泡沫塑料颗粒填充包装箱，如图 1-7-1 所示。按动按钮，双作用气缸的活塞杆打开落料门。落料门在可调节的 5～30 s 内保持在打开的状态。在这段时间内，可以填充一定量的泡沫塑料颗粒。填充时间到了之后，落料

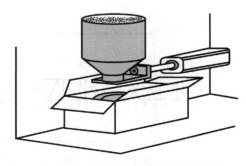

图 1-7-1　填充/灌装装置机构示意图

门自动关闭并且填充过程结束。只有当落料门确实处于关闭状态时，装置才可以启动。如果较长时间按住启动按钮（如启动按钮被一个机械干扰因素持续作用），那么该装置不能开始第二个工作循环。

相关知识

1. 气动时间控制元件简介

在时序控制中，通过时间程序控制器或节拍控制来实现时间控制。在气动顺序动作控制中采用纯气动时间控制组件和气动-机械时间控制元件进行顺序动作控制。对于气动时间控制元件来讲，延迟时间可以在 0.2～30 s 之间进行无级地调节。调节精度与一些因素有关并且一般为±10%。但是，对于气动应用来讲已经足够了。气动-机械时间控制元件延迟时间可以到若干小时并且调节精度为±2%。在控制技术中人们将其分为：延时接通时间控制元件和延时断开时间控制元件。在气动控制中，人们只使用延时接通时间控制元件。气动延时元件（见图1-7-2）的组件由下列元件组成：气控式（3/2）二位三通换向阀（换向时无瞬间泄漏并且换向迅速）、可以精密调节的单向节流阀，气容或压力容器。延时阀（按照标准采用点画线画出）有4个接口。

2. 延时阀（延时接通）的结构和工作原理及机能符号（见图1-7-2）

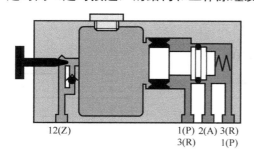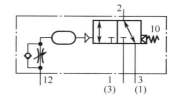

图1-7-2 延时阀（延时接通）的结构示意图和机能符号

压缩空气由接口 1 进入延时阀。当控制口 12 有一个连续信号时，压缩空气通过单向节流阀的节流口进入气容中。当气容中建立起所需要的压力时，换向阀快速换向并且使压缩空气输出。气容中建立起的压力可以借助压力表进行观察。所以，在调试和故障查询时应该在气容上连接一个压力表。当控制口 12 的控制信号排气时，气容中的压力可以很快地通过在该方向打开的单向阀泄掉，使换向阀复位。

气动延时接通的信号变化如图1-7-3所示。

3. 延时阀（延时接通）的应用举例

延时阀接通机构如图1-7-4所示。

4. 延时阀（延时断开）的结构和工作原理及机能符号

为了使等待的气动信号只能有一定的时间起作用并且转换成一个脉冲，同样要使用气动延时元件。这种延时阀的区别在于所安装的换向阀为初始位置常通的结构。对于这种延时阀，只是将进气口 3 和在控制口 12 上被切断的连续信号（如操纵一个行程开关）连接起来。

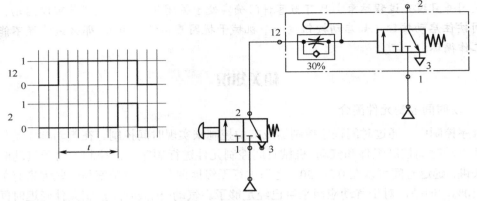

图 1-7-3　气动延时接通的信号变化　　　　图 1-7-4　延时阀接通机构

压缩空气可以立刻流向出口 2。气容通过节流阀被慢慢地充气并借此使阀的换向得以延时。在一定的时间后阀换向，出口处的信号被切断并且只要在接口 3 和 12 上有连续信号，阀就保持在切断的状态。使用带压缩空气可以双向流动的（3/2）二位三通换向阀的气动延时阀可以实现信号的延时断开。延时阀断开结构如图 1-7-5 所示，断开的信号变化如　　　图 1-7-6 所示。

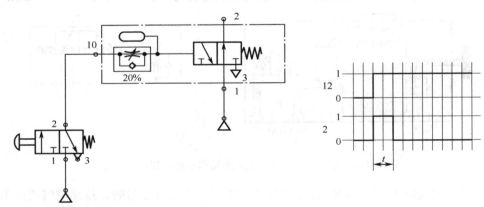

图 1-7-5　延时阀断开结构　　　　图 1-7-6　延时阀断开的信号变化

任务7.2　填充/灌装装置气动系统的实践练习

1．填充或灌装装置气动系统设计

了解了气动时间控制元件，如何设计气动送料系统呢？

由前面学习已知气动时间控制元件的工作原理，以及气动延时阀的接通与断开的工作原理。因此，需要首先画出气动回路图，标注所有元件接口代码，在实验练习板上连接出气动回路。调节延时阀使气缸的活塞杆保持在退回状态大约 10s。因为，每个实验台经常只有一个延时阀，因此必须使用单个元件组成延时阀来满足附加条件。使用一个较长的软管作为气容。为了满足附加条件，所调节的时间必须比气缸保持在伸出状态的时间要短。

2．填充/灌装装置气动系统任务实践

1）填充/灌装装置气动系统实验练习所需元件（见表 1-7-1）

表 1-7-1　元件清单

位 置 号	数量	说　　　明	机 能 符 号
01	1	带球阀式（3/2）二位三通换向阀的压缩空气预处理单元（分水过滤器、调压阀和压力表）	
02	1	六通分配器	
04	1	双作用气缸	
11	1	双气控二位五通脉冲式换向阀	
15	2	可调节单向节流阀	
06	1	按钮式（3/2）二位三通换向阀，初始位置常断	
13	2	滚轮式（3/2）二位三通换向阀	
09	1	单气控（3/2）二位三通换向阀	
17	1	（3/2）二位三通延时换向阀，调节范围为 0.15～55 s	

2）填充/灌装装置气动系统建议在实验底板上元件的安装位置（见图1-7-7）

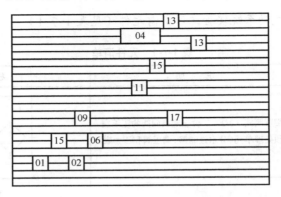

图1-7-7　元件安装位置示意图

3）填充/灌装装置气动系统分析（见图1-7-8）

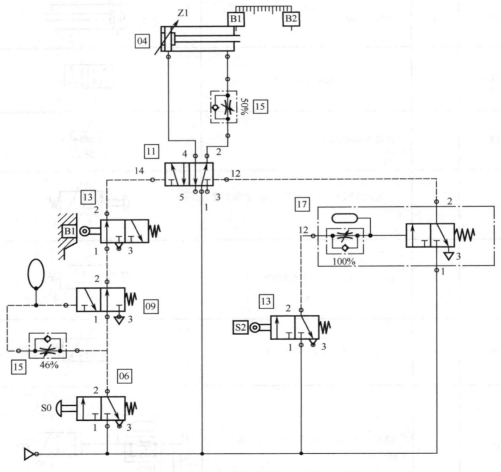

图1-7-8　填充/灌装装置气动系统回路图

在图 1-7-8 中：

（1）当按动信号元件 S0 时，气动信号通过（还没有换向的）气控（3/2）二位三通换向阀的常通口，再通过限位开关 S1 到达（5/2）二位五通脉冲阀的控制口 14。

（2）气缸（Z1）的活塞杆伸出到前端终点位置并压下限位开关 S2。

（3）当 S2 被压下后，压缩空气进入（3/2）二位三通延时换向阀的控制口 12。

（4）如果延时阀中的换向阀控制口压力达到换向压力，则延时阀换向，延时阀输出口 2 输出压缩空气到达（5/2）二位五通换向阀的控制口 12。

（5）该换向阀切断了到达 S1 和（5/2）二位五通脉冲阀控制口 14 的压缩空气。

（6）只有松开 S0，然后再次启动，控制系统才能重新开始工作。

实践练习结论：

气动的时间控制元件是一种**模块**，它总是由**（3/2）二位三通换向阀**、单向节流阀和气**容**组成。通过调节**单向节流阀**来设定延迟时间。延迟时间的长短和精度取决于**气容的大小和响应压力的大小**及所用**换向阀**的换向形式。

项目 8　通气天窗气动系统的认知与实践

教学导航

知识重点	掌握中位带截止机能的（5/3）三位五通换向阀的结构、工作原理，以及使用该类阀进行气动应用回路的设计
知识难点	（5/3）三位五通换向阀控制的双作用气缸的气动回路设计
技能重点	能识别双作用气缸、压力和方向控制元件，能在实验台上进行气动系统的安装与调试
技能难点	双作用气缸系统的安装与调试，气缸活塞杆位置的控制
推荐教学方式	从工作任务入手，通过对相关元件——中位带截止机能的（5/3）三位五通换向阀的分析，使学生了解气动元件、气动系统的组成；通过在实验台上搭接回路，掌握气动系统工作原理及应用
推荐学习方法	通过结构示意图，从理论上认识气动元件；通过观察实物剖面模型，从感性上了解气动元件；通过动手进行安装、调试，真正掌握所学知识与技能
建议学时	2 学时

任务 8.1　通气天窗气动系统的认知

任务介绍

通气天窗系统是温室的必要装备之一，它对温室的正常生产及经济效益有重要的影响。传统的天窗开闭系统大多采用齿轮齿条机构，这种机构存在结构复杂、费用高、精度差等弊端。下面介绍的是一种快速、安全、可靠、低成本的通气天窗气动系统，利用中位带截止机能的（5/3）三位五通换向阀来控制双作用气缸活塞杆的移动位置，来实现天窗的启闭及在任意位置的锁定。

如图 1-8-1 所示，天窗可以采用一个双作用气缸进行气动启闭控制。两个手动按钮用来操纵天窗的打开和关闭，也可以点动操纵两个按钮使天窗可以停在任意位置上。试设计气动回路并在实验台上进行安装与调试。

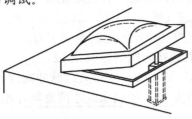

图 1-8-1　通气天窗气动机构示意图

相关知识

中位带截止机能的（5/3）三位五通换向阀的结构和工作原理及机能符号

中位带截止机能的（5/3）三位五通换向阀的结构和工作原理及机能符号如图 1-8-2 所示。

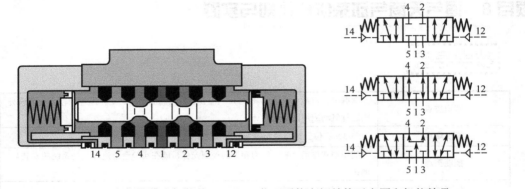

图 1-8-2　中位带截止机能的（5/3）三位五通换向阀结构示意图和机能符号

当 14 口通入压缩空气，主阀芯向右移，1 口与 4 口相通，2 口与 3 口相通，5 口截止；当 12 口通入压缩空气时，主阀芯向左移，1 口与 2 口相通，4 口与 5 口相通，3 口截止；当 12 口和 14 口没有压缩空气时，主阀芯在两端弹簧的作用下，总是处在中间位置，此时 1～5 口均不通。

由于气体的可压缩性，因此气缸的停止控制相对不准并且不可靠。但是，有很多简单的应用场合需要实现精确控制。有很多解决方法可供这些简单应用场合使用。

一种解决方法是采用截止阀，在气缸和主控元件之间的工作管路上安装截止阀。在气动回路中，通过按动两个手动按钮可以使双作用气缸的活塞杆伸出和退回并且使活塞停在任意位置上，如图 1-8-3 所示。

更简单的方法是采用中位带截止机能的（5/3）三位五通换向阀。在被截止的中位，所有的 5 个接口都被封闭。

该（5/3）三位五通换向阀的中位一般采用"弹簧对中"。当两边的控制口没有信号时，其总是处在中位位置。对于简单应用来讲，这种三位阀也可以采用带定位器的手动操纵形式。

这种阀也普遍采用双手动操纵或双电磁铁操纵形式。

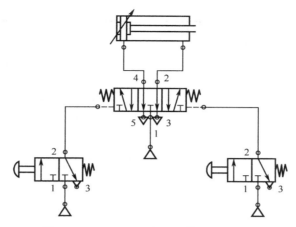

图 1-8-3　（5/3）三位五通换向阀的应用

任务 8.2　通气天窗气动系统的实践练习

1. 通气天窗气动系统设计

了解了气动执行元件、方向控制元件，如何设计通气天窗气动系统呢？

由前面学习已知气动系统是由气源、执行元件、控制元件和辅助元件组成的，因此，要完成此系统，首先需要气源。其次根据任务要求选择双作用气缸作为通气天窗的启闭机构，根据前面工况的描述，应该选择中位带截止机能的（5/3）三位五通换向阀来控制一个双作用气缸的运动；同时，还应该选择两个按钮式小通径（3/2）二位三通换向阀来控制（5/3）三位五通换向阀，换向阀的输出气路安装两个可调节的单向节流阀和压力表来控制输入气缸的压力。最后通过管路等气动辅助元件将气动元件组成系统。

2. 通气天窗气动系统任务实践

1）通气天窗气动系统实验练习所需元件（见表 1-8-1）

表 1-8-1　元件清单

位置号	数量	说　　明	机 能 符 号
01	1	带球阀式（3/2）二位三通换向阀的压缩空气预处理单元（分水过滤器、调压阀和压力表）	
02	1	六通分配器	
04	1	双作用气缸，带拉伸载荷装置	

续表

位置号	数量	说　　　　明	机能符号
06	1	按钮式（3/2）二位三通换向阀，初始位置常断	
07	1	按钮式（3/2）二位三通换向阀，压缩空气可以双向流动（初始位置常断）	
12	1	（5/3）三位五通换向阀，中位带截止机能	
15	2	可调节的单向节流阀	
21	2	压力表	

2）通气天窗气动系统建议在实验底板上元件的安装位置（见图1-8-4）

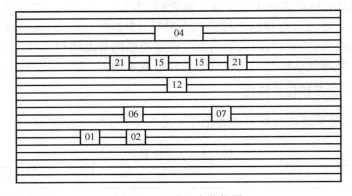

图1-8-4　建议安装位置

3）通气天窗气动系统分析（见图1-8-5）

在图1-8-5中：

（1）用双作用气缸（Z1）的活塞杆开关天窗。按钮（S1）用于打开天窗，按钮（S2）用于关闭天窗。

（2）一旦松开按钮，气缸就会停止运动，天窗就会保持在该位置上。

（3）在低速模式下，天窗可以停在任何位置上并锁定。

（4）安装在气缸接口上的两个压力表可以显示作用压力。

（5）气缸活塞杆的工作速度在两个方向可无级调节。

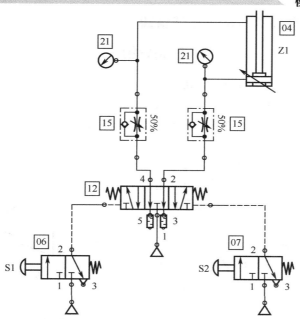

图 1-8-5　通气天窗气动系统回路图

实践练习结论：

　　*中位带截止机能的（5/3）三位五通换向阀*可以用于简单的气动停止回路。这些阀主要是气控的，如果控制口 14 或 12 没有控制压力，那么换向阀通过*对中弹簧*自动返回中位。

项目9　工件传送线气动系统的认知与实践

教学导航

知识重点	了解并掌握顺序动作控制回路的知识（无控制障碍信号）
知识难点	双缸顺序动作气动回路的设计（无控制障碍信号）
技能重点	能识别双作用气缸、压力和顺序控制元件，能在实验台上进行两个双作用气缸的顺序动作控制系统的安装与调试
技能难点	两个双作用气缸的顺序动作控制系统的安装与调试
推荐教学方式	从工作任务入手，通过对相关知识——顺序动作控制系统的设计方法和功能图的介绍，使学生掌握如何设计顺序动作控制系统及该气动系统的组成元件；通过在实验台上搭接回路，掌握两个双作用气缸顺序动作控制系统的工作原理及应用
推荐学习方法	通过结构示意图，从理论上认识气动元件；通过观察实物剖面模型，从感性上了解气动元件；通过动手进行安装、调试，真正掌握所学知识与技能
建议学时	4 学时

任务 9.1　工件传送线气动系统的认知

任务介绍

在生产实践中经常会遇到铸件的传送，如图 1-9-1 所示，从右侧辊柱式传送带上传送过来的铸件被举升一定的高度并被传送到一个新的方向。

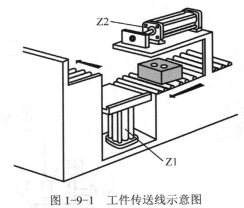

图 1-9-1　工件传送线示意图

由下方辊柱式传送带传送的铸件到达升降台后，按动启动按钮，气缸 Z1 的活塞杆带着升降台将工件举升到第二条辊柱式传送带的高度，并将升降台保持在伸出的位置上，一直到气缸 Z2 的活塞杆把铸件从升降台上推到上方的辊柱式传送带上为止。当气缸 Z2 的活塞杆安全地将工件推到上方的辊柱式传送带时，升降台才向下运动。只有当气缸 Z1 的活塞杆返回到后端终点位置时，气缸 Z2 的活塞杆才能返回。试设计气动回路并在实验台上进行安装与调试。

相关知识

1. 顺序动作控制的设计方法

在实际气动系统中，最常见的控制形式是"行程顺序动作控制"。

尽管在控制系统中会发现使用一些时间控制元件，但是这种控制形式仍属于行程控制。设计这种顺序动作控制回路的方法基本上有两种。

1）无条理设计

根据现有的顺序动作图，设计人员根据他们的知识和经验"无条理设计"回路。这种设计方法有自身的缺点。视设计者的经验和知识水平而定，会出现不同的答案，该回路比较难看明白，并且主要适用于有经验的人进行故障分析和查找问题。无条理设计仅推荐给设计人员作为从事设计的资料。实际上这些设计人员使用的是自己的"设计系统"。

2）有条理设计

设计人员借助设计方法并通过使用系统组件来设计回路。

这种设计形式可以使回路系统条理清晰，与顺序动作图联系在一起使回路图更容易看懂。这样设计出的回路在故障查寻时有很大的优点。此外，这种顺序动作控制可靠并且事后可以改变，而且可以方便地根据附加条件加装元件。这种系统化设计方法的元件费用可能（但不一定）比无条理设计的元件费用高。额外增加的费用可以通过较短的设计时间费用及降低故障和维护保养时间加以抵消。

回路设计的基本前提条件是要具有牢固的气动元件和基本控制系统的基础知识，以及可供使用的系统组件知识和设计方法。在设计回路之前应该清楚，涉及哪些控制形式。对于纯

导控系统来讲，其他的设计方法可能更合适。其他的基本前提条件是有可供使用的材料（至少包括一个草图和顺序动作图），以及要清楚了解元件和系统。

2．运动过程的表达

在一个控制系统中，至少有两个执行元件，任何一种形式的控制过程的表达必须要有一种表达形式（状态图）表达出执行元件的动作顺序和位置。如果要表达执行元件与主控和控制元件之间的配合，那么应该表达所有元件的状态。这种表达形式被称作功能图。

状态图常用的几种表达形式：

（1）列表法（见图 1-9-2）。

（2）箭头表示法（见图 1-9-3）。

（3）缩写法（见图 1-9-4）。

（4）位移-步进图（见图 1-9-5）。

（5）位移-时间图（见图 1-9-6）。

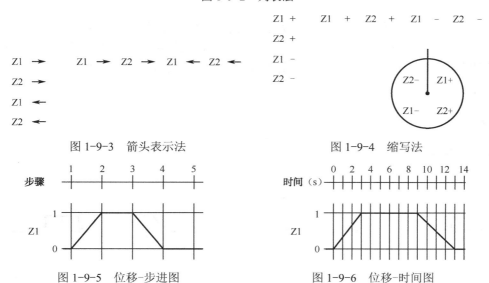

图 1-9-2　列表法

图 1-9-3　箭头表示法　　　　图 1-9-4　缩写法

图 1-9-5　位移-步进图　　　　图 1-9-6　位移-时间图

3．位移-步进图和位移-时间图

使用这种表达形式可以将一个或多个执行元件和从属元件的功能和顺序动作在两个坐标轴上表示出来。在一个坐标轴上（纵坐标）描述位移，在另外一个坐标轴上（横坐标）描述步骤或者时间。

在步骤或时间栅格中，执行元件的运动用一条斜线来表示，静止状态用一条横线来表示。在位移-步进图和位移-时间图中，现有的执行元件被依次排列。

在横轴上，当执行元件处于缩回的状态时，用数字 0 来表示。纵轴用于表示伸出状态，用数字 1 来表示 （见图 1-9-7）。在最后一步（或结束），执行元件的位置总是相当于控制过程的第一步（或开始）。

如果执行元件的运动通过节流阀进行调节，也可以使用时间过程来表示，其表达形式为位移-时间图（见图 1-9-8）。此外，这种表达形式只用于用时间控制的顺序动作控制。

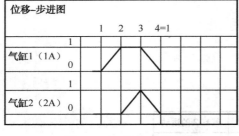

图 1-9-7　位移-步进图

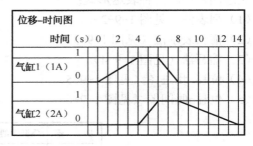

图 1-9-8　位移-时间图

4．功能图

符合 VDI 3260 标准的功能图不仅可以一目了然地表示出控制链的所有元件，而且还给出了元件的任务、功能和配合的信息。

1）功能图的符号

细功能线表示元件的初始位置，粗功能线表示由此偏离的位置（见图 1-9-9）。执行元件与主控元件和信号元件的关系用信号线来表示。箭头代表作用方向。手动操纵的信号元件用一个圆圈符号来表示。机械操纵的信号元件用一个圆点（见图 1-9-10）来表示。与压力有关或与时间有关的信号元件用一个特殊的方框来表示。

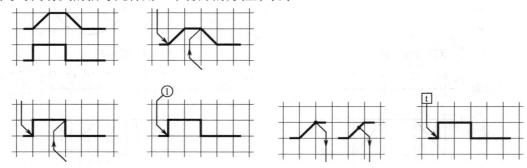

图 1-9-9　初始位置和偏离位置表示方法　　　图 1-9-10　机械操作信号元件表示方法

当控制元件和主控元件的状态发生变化时，在步骤线上用垂直线表示（见图 1-9-11）。纵坐标表示换向阀被操纵时的阀芯位置符号（a，b）。当阀为三位阀时，画出三个状态，并且中位用 o 来表示。

执行元件的运动用一条斜的功能线来表示。功能线不同的倾斜角表示不同的速度。水平方向移动的功能线表示执行元件处于静止状态。

2）功能图的绘制

需要使用符合 DIN 3260 标准的表格来绘图。

在表格的左部分填入元件的名称、符号和状态。

在表格的中间部分在栅格中画出带有步骤或时间分配的功能线和信号线。执行元件的顺序与控制过程相符，所属的主控元件总是按照执行元件画出。然后，画出手动信号元件的信号线。控制过程通过记录信号元件（行程开关、压力信号元件和时间元件）和它的信号线来表示。

在表格的右部分可以填入其他信息和说明。

如图 1-9-11 所示为两个气缸顺序动作控制的完整的功能图。通过启动按钮使换向阀 1V1 换向。当然只有在第二个气缸的滚轮式换向阀被压下的情况下，才可以实现。换向阀换向第一个气缸伸出。在行程的终点，滚轮式换向阀 1S3 被压下，使换向阀 2V1 换向。第二个气缸伸出，并通过换向阀的换向使第一个气缸返回。最后，第二个气缸也返回并压下在后端终点位置的滚轮式换向阀 2S1。由此给出一个新的循环启动的前提条件。

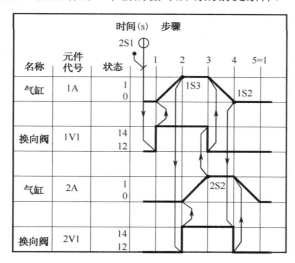

图 1-9-11　两个气缸顺序动作控制的完整的功能图

任务 9.2　工件传送线气动系统的实践练习

1．工件传送线气动系统设计

了解了气动系统的设计、功能图、执行元件及顺序控制元件，如何设计工件传送线系统呢？

由前面学习已知气动系统是由气源、执行元件、控制元件和辅助元件组成的，因此，要完成此系统，首先需要气源。其次根据任务要求选择两个双作用气缸作为工件传送的动作执行单元，由于双作用气缸有两个气口需要控制，因此选择具有两个输出口的（5/2）二位五通换向阀进行控制，采用滚轮式（3/2）二位三通换向阀作为顺序动作的限位开关，单向节流阀控制气缸活塞杆的移动速度。最后通过管路等气动辅助元件将系统组成封闭系统。

2. 工件传送线气动系统任务实践

1）工件传送线气动系统实验练习所需元件（见表1-9-1）

表1-9-1 元件清单

位 置 号	数 量	说 明	机 能 符 号
01	1	带球阀式（3/2）二位三通换向阀的压缩空气预处理单元（分水过滤器、调压阀和压力表）	
02	1	六通分配器	
04	2	双作用气缸	
11	2	双气控（5/2）二位五通脉冲式换向阀	
15	2	可调节单向节流阀	
06	1	按钮式（3/2）二位三通换向阀，初始位置常断	
13	4	滚轮式（3/2）二位三通换向阀	

2）工件传送线气动系统建议在实验底板上元件的安装位置（见图1-9-12）

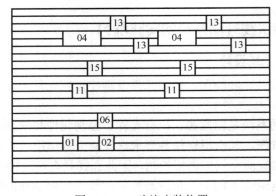

图1-9-12 建议安装位置

3）工件传送线气动系统功能图（见图1-9-13）

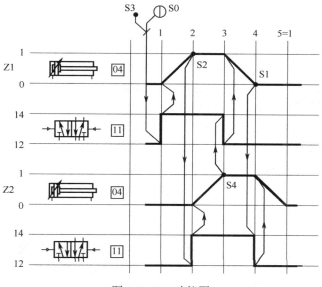

图1-9-13　功能图

4）工件传送线气动系统分析（见图1-9-14）

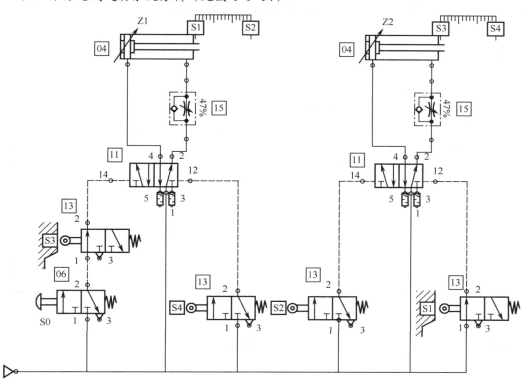

图1-9-14　工件传送线气动系统回路图

在图 1-9-14 中：

（1）两个双作用气缸活塞杆的初始状态为回缩，伸出或返回由脉冲阀控制。

（2）按动启动按钮 S0 后，控制信号通过被压下的限位开关 S3 到达控制气缸 Z1 伸出的脉冲式换向阀的控制口 14。

（3）气缸 Z1 的活塞杆伸出，在其前端终点位置压下限位开关 S2。

（4）限位开关 S2 将压力信号传送到控制气缸 Z2 伸出的脉冲式换向阀的控制口 14。

（5）气缸 Z2 的活塞杆伸出，在其前端终点位置压下限位开关 S4。

（6）限位开关 S4 将压力信号传送到控制气缸 Z1 返回的脉冲式换向阀的控制口 12。

（7）气缸 Z1 的活塞杆返回，在其后端终点位置压下限位开关 S1。

（8）限位开关 S1 将压力信号传送到控制气缸 Z2 返回的脉冲式换向阀的控制口 12，然后活塞杆返回到后端终点位置。

（9）控制系统恢复到它的初始状态。

实践练习结论：

通过顺序压下作为限位开关的*滚轮式（3/2）二位三通换向阀*，使学员逐步了解*顺序动作控制*。如果在主控元件上的控制口 14 和 12 上没有同时出现控制信号，则不会出现*障碍信号*，也就不需要*附加其他的元件*来实现顺序动作控制。

项目 10　钻孔和钻孔夹具气动系统的认知与实践

教学导航

知识重点	了解并掌握顺序动作控制回路的知识（有控制障碍信号）
知识难点	双缸顺序动作气动回路的设计（有控制障碍信号）
技能重点	能识别双作用气缸、压力和顺序控制元件，能在实验台上进行两个双作用气缸的顺序动作控制系统的安装与调试
技能难点	两个双作用气缸的顺序动作控制系统的安装与调试
推荐教学方式	从工作任务入手，通过对相关知识——顺序动作控制系统的设计方法和功能图的介绍，使学生掌握如何设计顺序动作控制系统及该气动系统的组成元件；通过在实验台上搭接回路，掌握两个双作用气缸顺序动作控制系统的工作原理及应用
推荐学习方法	通过结构示意图，从理论上认识气动元件；通过观察实物剖面模型，从感性上了解气动元件；通过动手进行安装、调试，真正掌握所学知识与技能
建议学时	4 学时

任务 10.1　钻孔和钻孔夹具气动系统的认知

在生产实践中经常会对工件进行钻孔加工，如图 1-10-1 所示，将工件放入夹具之中，按动按钮后，气缸 Z1 的活塞杆伸出，并将工件夹紧；然后，气缸 Z2 带动钻头对工件进行加工；钻孔完成后，气缸 Z2 退回到上端初始位置；最后，气缸 Z1 退回到原始位置。

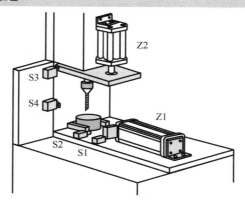

图 1-10-1　钻孔装置示意图

任务 10.2　钻孔和钻孔夹具气动系统的实践练习

1. 钻孔和钻孔夹具气动系统设计

了解了气动系统的设计、功能图、执行元件及顺序控制元件，那么应该如何设计钻孔和钻孔夹具气动系统呢？

由前面学习已知气动系统是由气源、执行元件、控制元件和辅助元件组成的，因此，要完成此系统，首先需要气源。其次根据任务要求选择两个双作用气缸作为工件夹紧、松开和钻头加工及完成的动作执行单元，由于双作用气缸有两个气口需要控制，因此选择具有两个输出口的（5/2）二位五通换向阀进行控制；采用可通过滚轮式（3/2）二位三通换向阀作为顺序动作的限位开关，单向节流阀控制气缸活塞杆的移动速度。最后通过管路等气动辅助元件将系统组成封闭系统。

2. 钻孔和钻孔夹具气动系统任务实践

1）钻孔和钻孔夹具气动系统实验练习所需元件（见表 1-10-1）

表 1-10-1　元件清单

位 置 号	数　量	说　　　明	机 能 符 号
01	1	带球阀式（3/2）二位三通换向阀的压缩空气预处理单元（分水过滤器、调压阀和压力表）	
02	1	六通分配器	
04	2	双作用气缸	

续表

位 置 号	数 量	说 明	机 能 符 号
11	2	双气控（5/2）二位五通脉冲式换向阀	
15	2	可调节单向节流阀	
06	1	按钮式（3/2）二位三通换向阀	
13	2	滚轮式（3/2）二位三通换向阀	
14	2	带可通过式滚轮的（3/2）二位三通换向阀	

2）钻孔和钻孔夹具气动系统建议在实验底板上元件的安装位置（见图1-10-2）

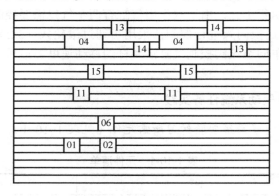

图1-10-2　建议安装位置

3）钻孔和钻孔夹具气动系统分析（见图1-10-3）

在图1-10-3中：

（1）用手将要钻孔的工件放到夹具中。

（2）按动启动按钮S0后，双作用气缸Z1的活塞杆将工件夹紧。

（3）当工件被夹紧后，钻孔气缸Z2的活塞杆伸出，在工件上钻孔并自动返回到后端终点位置（在完成钻孔的过程后）。

（4）当气缸Z2的活塞杆返回到上端的终点位置时，气缸Z1的活塞杆也返回并松开工件。

（5）注意，在设计回路图时，如果发现有一个或多个障碍信号，可借助可通过式滚轮来消除障碍信号。

（6）短暂的脉冲信号从S2被传到气缸Z2伸出的脉冲式换向阀的控制口14。

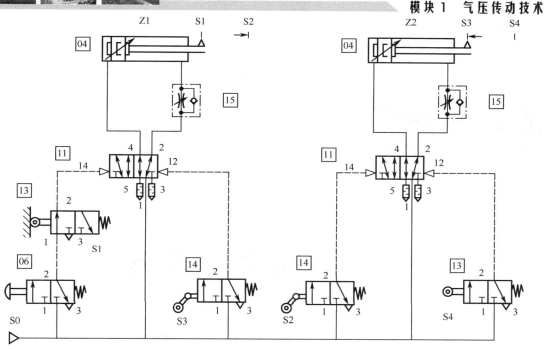

图 1-10-3　钻孔和钻孔夹具气动系统回路图

（7）气缸 Z2 的活塞杆伸出到前端终点位置并压下限位开关 S4。

（8）限位开关 S4 将压力信号传到气缸 Z2 返回的脉冲式换向阀的控制口 12。

（9）气缸 Z2 的活塞杆返回，在到达后端终点位置之前，短暂地压过带可通过式滚轮 S3 的限位开关，并继续返回到后端终点位置（可通过式滚轮在气缸的后端终点位置没有被压下）。

（10）短暂的脉冲信号从 S3 被传到气缸 Z1 返回的脉冲式换向阀的控制口 12，活塞杆返回到后端终点位置。

（11）控制系统恢复到初始状态。

（12）气缸 Z1 的活塞杆伸出，在其前端终点位置压下限位开关 S2。

（13）限位开关 S2 将压力信号传送到气缸 Z2 伸出的脉冲式换向阀的控制口 14。

（14）气缸 Z2 的活塞杆伸出，在其前端终点位置压下限位开关 S4。

（15）限位开关 S4 将压力信号传送到气缸 Z1 返回的脉冲式换向阀的控制口 12。

（16）气缸 Z1 的活塞杆返回，在其后端终点位置压下限位开关 S1。

（17）限位开关 S1 将压力信号传送到气缸 Z2 返回的脉冲式换向阀的控制口 12，然后活塞杆返回到后端终点位置。

（18）控制系统恢复到它的初始状态。

实践练习结论：

　　在顺序动作控制中，如果通过限位开关进行顺序控制，可能会出现**障碍信号**，为了消除这些障碍信号必须使用**另外的**或**附加的元件**（功能）。可通过式滚轮阀只能在一个方向上被短暂触发，发出一个**短脉冲信号**。用可通过式滚轮代替标准滚轮，目的是为了消除障碍信号。

模块 2

电气气动技术

模块内容构成

内　　容	建议学时
项目 1：相关电气元件的认知	2
项目 2：推料装置电气气动系统的认知与实践	2
项目 3：沙发使用寿命测试装置电气气动系统的认知与实践	2
项目 4：天窗开启装置电气气动系统的认知与实践	2
项目 5：浸漆装置电气气动系统的认知与实践	2
项目 6：压弯机电气气动系统的认知与实践	2
项目 7：抓料和送料装置电气气动系统的认知与实践	2
项目 8：压销钉装置电气气动系统的认知与实践	2
项目 9：气动系统的故障诊断与排除	4
学时小计	20

项目 1　相关电气元件的认知

教学导航

知识重点	了解手动开关、行程开关、簧片式开关、传感器、继电器等电气元件的工作原理；掌握简单电气气动回路的设计
知识难点	电气气动回路的设计
技能重点	能识别手动开关、行程开关、簧片式开关、传感器、继电器等电气元件，能在实验台上进行电气气动系统的安装与调试
技能难点	双作用气缸电气气动系统的安装与调试
推荐教学方式	从工作任务入手，通过对相关元件——双作用气缸、电磁换向阀、手动开关、行程开关、簧片式气缸开关、传感器、继电器和气动二联件的分析，使学生了解基本气动元件、电气气动系统的组成；通过在实验台上搭接回路，掌握电气气动系统的工作原理及应用
推荐学习方法	通过结构图，从理论上认识电气气动元件；通过观察实物剖面模型，从感性上了解电气气动元件；通过动手进行安装、调试，真正掌握所学知识与技能
建议学时	2 学时

任务 1.1　了解相关电气元件

任务介绍

了解控制气动系统的常用电气元件，例如，开关、接近开关、传感器、继电器等的结构及工作原理。

相关知识

1. 开关

这类电气元件采用手动或机械式操纵触点，使用它们可以将电路接通或断开。人们将其分为三种基本类型，如图 2-1-1 所示。

每一个电气元件可以是一个或多个开关元件，也可以是多个常闭触点和常开触点的组合。

根据结构，人们又将其分为锁定开关和按钮开关。当按动按钮开关（按钮）后，开关自动返回到它的原始位置。当按动锁定开关后，开关保持在新的位置上；重新按动才能使它复位到其原始位置。

开关图形符号右侧标注的数字是标准的连接标志，它用来表示开关的特性，常闭触点——1 和 2，常开触点——3 和 4。

用不同的图形符号来表示手动操纵，如图 2-1-2 所示。

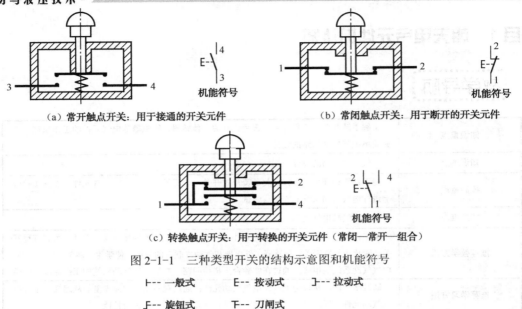

(a) 常开触点开关：用于接通的开关元件　　(b) 常闭触点开关：用于断开的开关元件

(c) 转换触点开关：用于转换的开关元件（常闭—常开一组合）

图 2-1-1　三种类型开关的结构示意图和机能符号

⊢-- 一般式　　　E-- 按动式　　　⊐-- 拉动式

F-- 旋钮式　　　下-- 刀闸式

按钮开关　S1　　　　　旋钮开关　S2

图 2-1-2　手动操作类型

2. 行程开关、簧片式开关和传感器

气缸开关被用于与行程有关的顺序动作控制。通过感应气缸（活塞杆）的位置形成转换动作的条件。

对此经常使用以下开关：

（1）机械式行程开关（微型开关）。

（2）簧片式开关。

（3）电感式电子传感器。

（4）电容式电子传感器。

（5）光电式传感器。

传感器还可以用来获得工件和刀具在加工过程中的位置、运动过程和工艺过程，以及其他的工作过程。例如，在测量技术中，使用传感器信号还可以在逻辑控制系统中形成逻辑条件。

1）机械式行程开关

机械式行程开关通过活塞杆头上的凸块进行操纵，有顶杆式和滚轮式结构，如图 2-1-3 所示。

另外，还有一种经常使用带转换触点的"微型开关"，如图 2-1-4 所示。有时接线按照这种形式进行标注：

COM（公共端），中间触点 1。

NC（常闭触点），闭触点 2。

NO（常开触点），开触点 4。

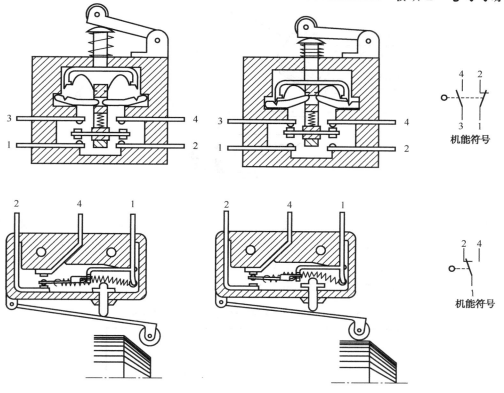

图 2-1-3　行程开关结构示意图和机能符号

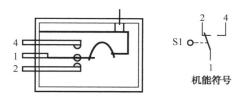

图 2-1-4　微型开关结构示意图和机能符号

机械式行程开关可使用最大 230 V 和 4 A 的开关电压和电流（注意制造厂商的说明）。

较大的行程开关（绝大多数密封在铸铁和塑料壳体中）的常闭触点和常开触点是分开的。它的最大开关功率大约为 2.2 kW（230 V，10 A）。

然而，机械式行程开关越来越多地被簧片式开关或非接触式电子传感器所代替。其根本原因是后者的使用寿命更长和故障率更低并且耐恶劣环境。

2）簧片式开关

如图 2-1-5 所示，簧片式开关是一种结构简单、价格便宜的非接触式气缸开关。作为气缸开关它可以被直接地以机械方式安装在气缸上。它的触点通过安装在活塞上的磁环产生的磁场进行吸合。人们也可以用电磁铁来控制簧片式开关。

开关点 A 和 B 形成一个滞后，因为用于接通簧片触点的磁场需要比断开簧片触点的磁场强（B：接通点，A：断开点）。

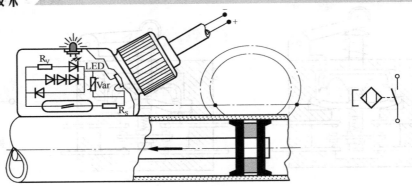

图 2-1-5　簧片式开关结构示意图和机能符号

簧片触点绝大多数采用金触点，它被融合在一个小玻璃管中。为了提高使用寿命（防止烧毁）和开关电压，小玻璃管中被充入一种保护气体（97%的氮气）。触点间距（常开触点）只有几微米。它可以导通最大 230 V 和 1 A。

带簧片式触点的气缸开关的选择参数如表 2-1-1 所示。

表 2-1-1　带簧片式触点的气缸开关的选择参数

安装位置	任意
安装固定	使用固定卡　在型材气缸上 在圆形气缸上 在扁平气缸上
环境温度	−20～+70 ℃
开关点精度	±0.1 mm
触点	1 对常开触点
电压	12～36 VDC，30 VAC
最大功率	5 W/VA
最大负载电流	0.13 A
使用寿命	大于 1 000 万次
开关时间（开/关）	1 ms/60 ms
防护形式	IP 65　带卡式连接 IP 67　带螺纹连接

3）电感式和电容式传感器

电感式传感器与电容式传感器和光电式传感器一样，完全没有机械式触点和机械式操纵。

电感式传感器在接近金属时有所反应，特别是对铁磁性材料，如铁、镍和钴。

作为气缸开关，它只能用于由非铁族金属（铝和铜）制成的气缸上并且在活塞上要安装一个钢片。

电容式传感器除了对接近的金属有反应之外，还对油、油脂、水、玻璃、木材和其他的绝缘材料或湿度有反应。

（1）电容式传感器的工作原理。

如图 2-1-6 所示，电容式传感器通过一个线圈和一个电容并联组成一个振荡电路，该电路在一定的谐振频率下振荡（高频大约 100 Hz）。借此形成的交变磁场在传感器的前端通过线圈辐射到一定的区域范围。当金属或非金属物体进入这一区域时，振荡电路将会失调。通过一个电子装置来识别谐振频率的变化或者振荡轮廓的改变，于是在输出端就形成一个信号。

电容式传感器的机能符号如图 2-1-7 所示。

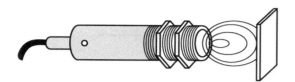 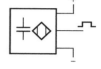

图 2-1-6　电容式传感器的工作原理图　　　　图 2-1-7　电容式传感器的机能符号

（2）电感式/电容式传感器的电子元件，工作示意图如图 2-1-8 所示。

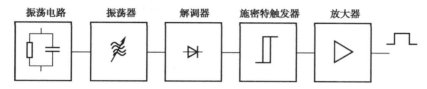

图 2-1-8　电感式/电容式传感器的电子元件工作示意图

开关距离与材料和工件的形状有着密切的关系。大而平的铁磁性材料最好识别（从 150 mm 起）。对于非铁族金属来讲，感应距离减小约一半。

电容式传感器按照相同的振荡电路原理进行工作。在这里只是由电容器在一定的区域内辐射电场。当外来物体接近时，这一电场就会发生变化并由此改变电容器的电容。电子装置处理这一变化并形成一个相应的输出信号。

由于内部电子装置比较复杂并且生产成本较高，所以电容式传感器比较贵。而且，整个元件还要进行精确测试。对于这类传感器来讲，开关距离与材料有着密切的关系。

作为电感式和电容式传感器的变形产品，在市场上有正和/或负输出型。也就是说，所连接的负载，如继电器或 PLC 的输入能够用正或负电位进行控制，如图 2-1-9 所示。

4）光电式传感器

光电式传感器只能通过光栅来获取该位置的信息。在技术上也可以使用图像传感器、光敏传感器（火焰传感器）等。

光栅的优点是具有相对比较大的探测距离，灵敏度高且温度范围宽。

每一个光栅都是由发射器和接收器组成的。作为发射器，光源绝大多数使用脉冲光（如红外线、可见光、激光）。

在一般情况下，由发射器发出的光线被接收器接收。当一个物体出现在传输距离之内时，接收器产生一个二元信号。

有不同的结构形式可供使用，如反射式光栅、对射式光栅、单向光栅、脉冲式光电传感器等。

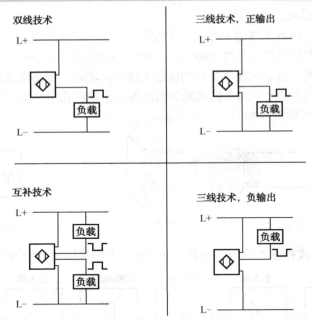

图 2-1-9 电感式和电容式传感器的变形产品

反射式光栅和脉冲式光电传感器结构原理相似：在元件的内部带有发射器和接收器（绝大多数是发光二极管和光电三极管）。它们的不同之处在于，反射式光栅需要有一个精确调整的反光板，而脉冲式光电传感器只需要工件的反射表面即可。

单向光栅的安装和调节需要一定的时间，因为发射器和接收器是分开放置的，它可以跨越很远的距离（几百米）。

光电式传感器很少作为气缸开关来使用。

（1）反射式光栅的工作原理。

如图 2-1-10 所示，当没有物体时，发射器发出的光线被反光板反射，由于反射信号较弱，接收器没有产生输出信号；当一个物体出现在发射器和反光板之间时，发射器发出的光线被物体反射，由于物体距离反射式光栅传感器较近，其上的接收器接收到较强的反射信号，因此接收器有信号输出。

反射式光栅的机能符号如图 2-1-11 所示。

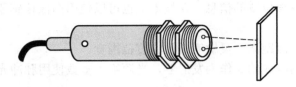

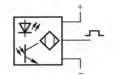

图 2-1-10 反射式光栅的工作原理图　　　　　　图 2-1-11 反射式光栅机能符号

（2）对射式光栅的工作原理。

如图 2-1-12 所示，对射式光栅的发射器和接收器是分开放置的两个独立元件，将两元件对立放置，被感应物体在两元件之间，当没有物体时，发射器发出的光线被接收器接收，

产生输出信号；当一个物体出现在两元件之间，即被检测距离之内时，发射器发出的光线被阻隔，接收器没有信号输出。

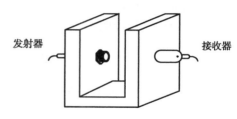

图 2-1-12　对射式光栅的工作原理图

3．继电器和接触器

这类电气元件实际上是电磁驱动的开关元件。继电器被用于控制电路和防护装置，接触器被用作功率开关或辅助保护。

对于电气-气动控制来讲，在一般情况下，只使用继电器，因为控制电磁阀只需要很小的功率。在纯电气控制系统中，接触器用于控制电动机、电热装置、电灯组等。

1）继电器的结构和工作原理及机能符号

如图 2-1-13 所示，继电器由一个带铁芯的电磁线圈和一个铁磁轭（衔铁）及触点组成。利用电流的磁效应，当电流流过由很多匝数组成的线圈时，会产生一个强磁场。磁场在铁芯中穿行，衔铁克服弹簧力（调节的原始位置）被吸过来，通过杠杆机构来操纵触点。

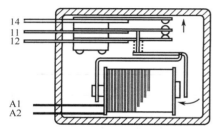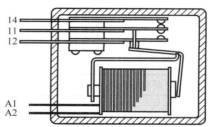

机能符号

图 2-1-13　继电器的结构示意图和机能符号

2）接触器的结构和工作原理及机能符号

如图 2-1-14 所示，主接触器总是由 3 个主触点 [也可能有多个辅助触点（以可插入式触点组的形式］组成。主触点接通/断开主电路（为工作电路）中的电路，辅助触点接通/断开控制电路中的电路。主触点由 3 个定触点和 3 个动触点组成。在磁力的作用下，定触点和动触点彼此压在一起。这里的弹簧起复位到原始位置的作用（触点打开）。

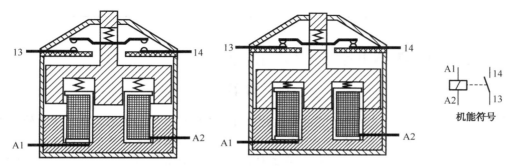

机能符号

图 2-1-14　接触器的结构示意图和机能符号

接触器不能被锁定（"非锁定开关"）。继电器可能是锁定的（如脉冲继电器）。锁定就是指，当控制撤销后，接通状态保持不变；重新给一个电脉冲后，开关才重新松开。

接触器机能符号如图 2-1-15 所示。

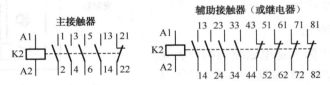

图 2-1-15 接触器机能符号

接线符号：继电器和接触器的线圈接线用 A1 和 A2 表示（A2 应该与电路的下参考点相连）。主接触器的主触点用连续的数字（1～6）标注。

继电器和辅助接触器的触点用两位数来表示。

（1）数字（十位数）：触点号。

（2）数字（个位数）：1、2 常闭触点，3、4 常开触点。

项目 2　推料装置电气气动系统的认知与实践

教学导航

知识重点	了解单电控（5/2）二位五通电磁换向阀的结构、工作原理；掌握简单电气气动回路的设计
知识难点	电气气动回路的设计
技能重点	能识别双作用气缸、单电控（5/2）二位五通电磁换向阀、速度和方向控制元件，能在实验台上进行双作用气缸电气气动系统的安装与调试
技能难点	双作用气缸电气气动系统的安装与调试
推荐教学方式	从工作任务入手，通过对相关元件——双作用气缸、换向阀和气动二联件的分析，使学生了解基本气动元件、气动系统的组成；通过在实验台上搭接回路，掌握气动系统的工作原理及应用
推荐学习方法	通过结构图，从理论上认识电气气动元件；通过观察实物剖面模型，从感性上了解电气气动元件；通过动手进行安装、调试，真正掌握所学知识与技能
建议学时	2 学时

任务 2.1　推料装置电气气动系统的认知

任务介绍

在自动化生产线上经常会遇到将被加工的原料或工件传递到指定的工位，传递的方式多种多样。下面介绍一种电气气动推料机构，利用双作用气缸来输送工件。如图 2-2-1 所示，按动按钮，双作用气缸活塞杆伸出，将工件推出，当活塞杆到达终端时，自动返回。气缸活塞杆伸出速度可调，试设计电气气动回路并在实验台上进行安装与调试。

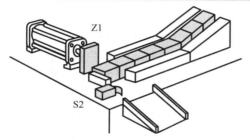

图 2-2-1　推料机构示意图

相关知识

1. 电磁线圈

正如电气技术基础所说的那样，电磁效应是电流的一个重要特性。如果将很多电流流过的导线平行缠绕在一起，那么就形成了一个线圈。电感（线圈的特性参数）随绕组的数量成倍地增加并产生磁场强度。该磁场强度就是磁力场的大小。它的分布可以画成磁力线来表示，如图 2-2-2 所示。

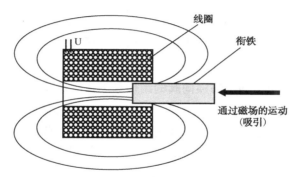

图 2-2-2　电磁线圈工作原理图

磁力线是一种闭合曲线并且优先在铁（低磁阻）中传播。该特性的结果是使线圈附近的铁件受到吸引力的作用。因为在线圈内部的磁场中磁力线的密度是最大的，因此力的作用也是最大的。人们利用这一原理使衔铁吸入线圈内。这一机械式的直线运动被用来操纵阀（顶杆式或滑阀式）进行换向。

这种电磁线圈安装固定后被用来操纵阀的动作。因此，可以有不同的电压和功率的线圈可供使用。

根据电源的形式可以选择直流或交流线圈。当使用继电器控制系统时，会有很大的不同。PLC 控制系统使用 24 VDC 直流线圈。

对于直流电压来讲，有 12 V、24 V、36 V 和 48 V 线圈可供使用。

普遍使用的交流电压为 12 V、42 V、110 V 和 230 V（频率为 50 Hz 和 60 Hz）。

也有一种适用于交流和直流的线圈，如 24 VDC 和 48 VAC。

线圈的功率消耗位于 0.2～12 W 或 VA（视电压和结构形式而定）。

因为在使用过程中线圈会发热（电损耗功率），所以制造商给出了一个相对的通电时间
ED：

$$ED = \frac{EIN}{工作时间} \cdot 100\%$$

对于小磁铁来讲，工作时间可以为 5 min，有时可以被吸持 2 min、10 min 或 30 min。

在 50 ℃时，ED 绝大多数为 100%，环境温度升高，根据制造商提供的数据表 ED 值会减小。

在电磁铁上和产品样本中也可能出现参数 "S1"（持续工作时间）用来代替 ED 值 100%。

有不同的结构用于特殊的环境温度（如防爆）和不同的绝缘类别（绝缘材料等级）。

电磁线圈举例：

	直流电压	交流电压
额定电压	24 V	48 V，50/60 Hz
功率消耗	4.8 W	11.0 VA 吸动功率
		8.6 VA 吸持功率
工作方式（ED）		S1（100%）
绝缘材料等级（VDE0580）		F（相当于 155 ℃）
防护等级		IP 65

电磁线圈绝大多数是可以更换的并且带有 3 个插头接点（第 3 个接点：接地引线）。连接采用插座方式并用螺钉拧上，可以使用不同长度的连接导线。这种耦合式插座经常包含有保护电路和发光二极管。

2．单电控（5/2）二位五通电磁换向阀的结构和工作原理及机能符号

如图 2-2-3 所示，当电磁铁不通电时，由阀口 1 进入阀体左端的控制气体无法打开电磁阀的控制口，此时阀口 1 与 2 导通，阀口 4 与 5 导通，阀口 3 截止。当电磁铁通电时，电磁阀将控制口打开，由阀口 1 进入阀体左端的控制气体进入阀芯左端，阀芯克服右端的弹簧力被推向右端；此时阀口 1 与 4 导通，阀口 2 与 3 导通。

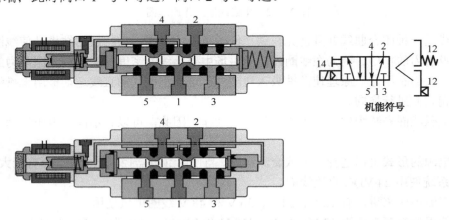

图 2-2-3　单电控（5/2）二位五通电磁换向阀结构示意图和机能符号

（5/2）二位五通换向阀经常采用气弹簧结构来代替机械式弹簧。因此，阀芯必须是差动阀芯结构。面积较小的一端（右端）始终受工作压力的作用。当通电时，面积较大的一端（左端）受到工作压力的作用，由于面积差的原因，两端所受的力不同，力的差值将阀芯推到工作位置（向右）。

当控制系统的工作压力由于使用的原因低于 2 bar 的最低压力时，先导阀的换向将不可靠。当进气口出现真空时，根本没有内部控制气体可供使用。针对这种情况，阀采用外部控制气体（也被称为"外控式"）。

外控阀带一个附加的外部控制口 14。在该口上最低压力大约为 2.5 bar。对于脉冲式电磁换向阀来讲，一部分阀达到 1.5 bar 就已经足够了（见制造商说明书）。

3.　单电控（5/2）二位五通电磁换向阀的应用举例

在电气-气动控制系统中，作为控制执行元件（双作用气缸、气电动机）的主控阀首选使用（5/2）二位五通换向阀。因为，气缸必须伸出和返回，气电动机必须正转和反转。该阀有两个接工作管路的接口和两个接排气管路的接口及一个压缩空气进气口。

如图 2-2-3 所示是滑阀结构的单电控阀芯，它的优点是，当断电或按动急停按钮时，阀芯通过弹簧力返回到所定义的初始位置上。

任务 2.2　推料装置电气气动系统的实践练习

1.　推料装置电气气动系统设计

了解了电气气动执行元件、方向控制元件，如何设计推料装置的电气气动系统呢？

由前面学习已知电气气动系统是由气源、执行元件、控制元件和辅助元件组成的，因此，要完成此系统，首先需要气源。其次根据任务要求选择双作用气缸作为推料缸，由于双作用气缸有两个气口需要控制，因此选择具有两个输出口的（5/2）二位五通电磁换向阀进行控制。最后通过管路等电气气动辅助元件将系统组成封闭系统。

2.　推料装置电气气动系统任务实践

1）推料装置电气气动系统实验练习所需元件（见表 2-2-1）

表 2-2-1　元件清单

位 置 号	数 量	说　　明	机 能 符 号
04	1	带磁性活塞环的双作用气缸	
31	1	带弹簧复位的（5/2）二位五通电磁换向阀	
15	1	单向节流阀	
37	1	开关盒，1 个控制开关，2 个按钮	

续表

位 置 号	数 量	说 明	机 能 符 号
34	1	带 4 个转换触点的继电器	
39	1	电限位开关	
50	1	稳压电源	+24 V 0 V
42	1	接线端子盒	
01	1	压缩空气预处理单元	
02	1	压缩空气分配器	
		附件（软管等）	

2）推料装置电气气动系统建议在实验底板上元件的安装位置（见图 2-2-4）

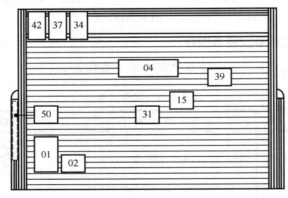

图 2-2-4　建议安装位置

3）推料装置电气气动系统功能图（见图 2-2-5）

4）推料装置电气气动系统气动回路分析（见图 2-2-6）

在图 2-2-6 中：

（1）将传输系统传送过来的工件推向下一个工位。

（2）按动按钮 S1 后，双作用气缸 Z1 的活塞杆伸出，推出工件。当气缸的活塞杆到达终端位置时，气缸的活塞杆自动返回。

（3）使用带弹簧复位的（5/2）二位五通电磁换向阀作为主控元件。当带弹簧复位的（5/2）

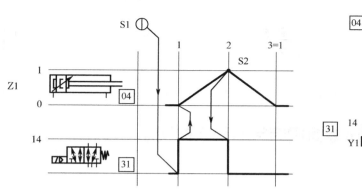

图 2-2-5　推料装置电气气动系统功能图　　　图 2-2-6　推料装置电气气动系统气动回路图

二位五通电磁换向阀的电磁铁 Y1（14）带电时，双作用气缸 Z1 的活塞杆伸出并且伸出的时间与电磁铁的带电时间一样长。

（4）气缸活塞杆的伸出速度可以用单向节流阀进行无级调节。

（5）实验中使用了一个电限位开关。

5）推料装置电气气动系统电气回路分析（见图 2-2-7）

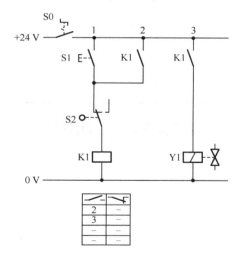

图 2-2-7　推料装置电气气动系统电气回路图

在图 2-2-7 中：

（1）按动按钮 S1（常开触点），+24V 电压通过限位开关 S2 的常闭触点（该限位开关此时还未被压下）加到继电器 K1 的线圈上。

（2）在第 2 条控制线路上的常开触点 K1 闭合，对继电器 K1 形成自锁回路。

（3）与此同时，在第 3 条控制线路上的常开触点 K1 闭合，电磁铁 Y1 带电。

（4）只有当限位开关 S2 被压下时，原来的常闭触点才断开，自锁回路被切断，继电器 K1 断电。在第 3 条控制线路上的触点 K1 断开，电磁铁 Y1 断电。

实践练习结论：

在继电器控制技术中，需要用一个***常开触点***来"置位"或"接通"自锁回路。需要用一个***常闭触点***来"复位"或"断开"自锁回路。

机械式电限位开关通常是一种***触点转换***式结构。

触点转换实际上是从一个***常闭触点***转换到一个公共接点***（COM）***上。

项目3　沙发使用寿命测试装置电气气动系统的认知与实践

教学导航

知识重点	了解带磁性活塞环的双作用气缸、簧片式气缸开关、双电控(5/2)二位五通电磁换向阀的结构和工作原理；掌握简单电气气动回路的设计
知识难点	电气气动回路的设计
技能重点	能识别带磁性活塞环的双作用气缸和方向控制元件，簧片式气缸开关的感应位置调整；能在实验台上进行双作用气缸系统的安装与调试
技能难点	带磁性活塞环的双作用气缸系统的安装与调试
推荐教学方式	从工作任务入手，通过对相关元件——带磁性活塞环的双作用气缸、双电控（5/2）二位五通电磁换向阀、簧片式气缸开关的分析，使学生了解基本电气气动元件、电气气动系统的组成；通过在实验台上搭接回路，掌握电气气动系统的工作原理及应用
推荐学习方法	通过结构图，从理论上认识电气气动元件；通过观察实物剖面模型，从感性上了解电气气动元件；通过动手进行安装、调试，真正掌握所学知识与技能
建议学时	2学时

任务3.1　沙发使用寿命测试装置电气气动系统的认知

任务介绍

为了测试沙发的使用寿命是否满足设计要求，需要一种装置来模拟人们在日常生活中坐沙发的过程，下面介绍的是一种利用双作用气缸的往复运动来模拟人坐沙发时的起坐动作。

如图2-3-1所示，按动启动按钮，双作用气缸伸出，向下按压沙发，当活塞杆到达行程末端时，活塞杆自动返回，重复循环这一过程，试设计电气气动回路并在实验台上进行安装与调试。

相关知识

1．双电控（5/2）二位五通电磁换向阀的结构和工作原理及机能符号

如图2-3-2所示，当左端线圈14通电时，先导阀打开使压缩空气作用在阀芯左侧的控

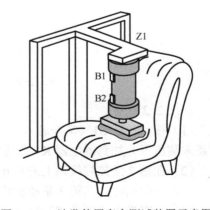

图2-3-1　沙发使用寿命测试装置示意图

制端上，阀芯向右移动并保持在该位置上，即使控制电压断掉（接口 1 和 4 接通）。

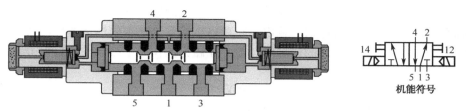

图 2-3-2　双电控（5/2）二位五通电磁换向阀结构示意图和机能符号

当右端线圈 12 通电时，阀被重新换向到左端并同样保持在该位置上，即使控制电压断掉。

如果两端 12 和 14 同时给电，阀会在以前占有的位置上。如果两个控制电压有一个短暂的先后通电顺序，那么阀会换向到第一个控制电压控制阀换向的位置上。

如果两个控制电压有一个短暂的先后断电顺序，那么阀会换向到最后一个断电所要求的位置上。

人们称这种阀是通电第一个信号"优先"，断电最后一个信号"优先"。

2．双电控（5/2）二位五通电磁换向阀的应用举例

在有些电气气动控制系统中需要通过主控元件（阀）的换向将控制信号存储起来。如果控制信号只出现很短的时间，而气缸的伸出或返回运动却要通过阀来完成，那么这时就需要阀持续地保持在换向状态上。脉冲式电磁换向阀通过阀芯的机械摩擦力将电信号作用后的状态存储起来。

控制功率低是其优点，并且在控制系统使用过程中，在断电的情况下，阀芯会保持在最后一次被操纵的位置上并在初始位置上不会突然运动。

脉冲的最短持续时间应该为 30 ms。

3．带磁性活塞环的气缸的结构和工作原理及机能符号

在活塞上装有磁环的气缸称为带磁性活塞环的气缸，它的作用是当活塞在气压力的作用下接近安装在缸筒上的磁感应开关（即磁性接近开关）时，在活塞上安装的磁环的磁场作用下，磁感应开关闭合发出控制电信号，以便控制下一个动作，其结构如图 2-3-3 所示，它常常应用于电气气动回路。

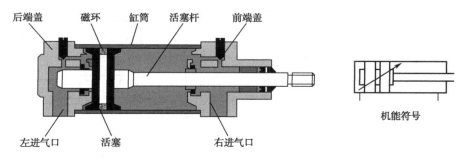

图 2-3-3　带磁性活塞环的气缸结构示意图和机能符号

4．簧片式气缸开关的结构和工作原理及机能符号

如图 2-3-4 所示，簧片式气缸开关是一种非接触式的感应开关元件，它可以感应带磁性气缸活塞环的位置，并转换成电信号输出，它可以直接安装在带磁性活塞环的气缸缸筒上。当活塞进入簧片式气缸开关安装的区域时，簧片在磁力的作用下吸合，将电信号输出。

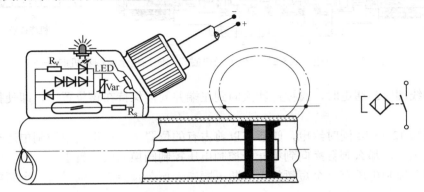

图 2-3-4　簧片式气缸开关的结构示意图和机能符号

任务 3.2　沙发使用寿命测试装置电气气动系统的实践练习

1．沙发使用寿命测试装置电气气动系统设计

了解了电气气动执行元件、方向控制元件，如何设计沙发使用寿命测试装置的电气气动系统呢？

由前面学习已知电气气动系统是由气源、执行元件、控制元件和辅助元件组成的，因此，要完成此系统，首先需要气源。其次根据任务要求选择带簧片式开关的双作用气缸作为按压沙发的执行元件，由于双作用气缸有两个气口需要控制，选择具有两个输出口的（5/2）二位五通脉冲式电磁换向阀进行控制，该换向阀为双电控，保证双作用气缸的伸缩。最后通过管路等电气气动辅助元件将系统组成封闭系统。

2．沙发使用寿命测试装置电气气动系统任务实践

1）沙发使用寿命测试装置电气气动系统实验练习所需元件（见表 2-3-1）

表 2-3-1　元件清单

位置号	数量	说　明	机能符号
04	1	带磁性活塞环的双作用气缸	
32	1	（5/2）二位五通脉冲式电磁换向阀	
15	1	单向节流阀	

续表

位置号	数量	说　明	机 能 符 号
37	1	开关盒，1 个控制开关，2 个按钮	E-\ E-\
34	2	带 4 个转换触点的继电器	
38	2	气缸开关	B1 B1
50	1	稳压电源	+24 V 0 V
42	1	接线端子盒	
01	1	压缩空气预处理单元	
02	1	压缩空气分配器	
		附件：实验室用导线，气管	

2）沙发使用寿命测试装置电气气动系统建议在实验底板上元件的安装位置（见图 2-3-5）

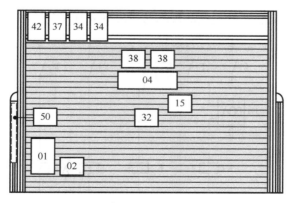

图 2-3-5　建议安装位置

3）沙发使用寿命测试装置电气气动系统功能图（见图 2-3-6）

在图 2-3-6 中：

（1）按动控制开关 S3（连续循环）以后，双作用气缸 Z1 的活塞杆伸出并且在到达前终端位置后自动返回。该循环过程是否重复进行取决于控制开关 S3 保持在"接通"状态的时间。

（2）附加要求——按动按钮 S0 后，气缸的活塞杆将伸出和退回一次（单循环）。

（3）气缸活塞杆的伸出速度可以调节。

（4）采用一个（5/2）二位五通脉冲式电磁换向阀作为主控元件。气缸开关作为限位开关。

4）沙发使用寿命测试装置电气气动系统气动回路分析（见图2-3-7）

在图2-3-7中：

（1）当给（5/2）二位五通脉冲式电磁换向阀（双稳元件）的电磁铁 Y1（14）一个脉冲信号时，双作用气缸 Z1 的活塞向前运动并感应气缸开关 B2。

（2）当给（5/2）二位五通脉冲式电磁换向阀（双稳元件）的电磁铁 Y2（12）一个脉冲信号时，脉冲阀换向，双作用气缸 Z1 的活塞退回到后端终点位置并感应气缸开关 B1。

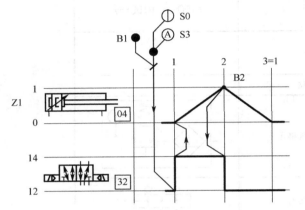

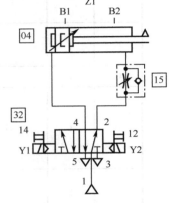

图2-3-6　沙发使用寿命测试装置电气气动系统功能图　　图2-3-7　沙发使用寿命测试装置电气气动系统气动回路图

（3）气缸活塞杆的伸出速度可以由单向节流阀进行无级调节。

5）沙发使用寿命测试装置电气气动系统电气回路分析（见图2-3-8）

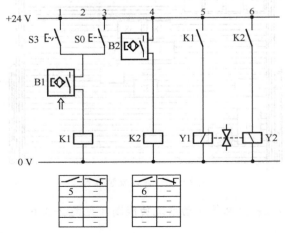

图2-3-8　沙发使用寿命测试装置电气气动系统电气回路图

在图2-3-8中：

（1）当控制开关 S3 被置于"接通"位置时，+24 V 电压通过被感应的限位开关 B1 加到

继电器 K1 上。

（2）在第 5 条控制线路上的常开触点 K1 闭合，使电磁铁 Y1 带电，脉冲阀换向，气缸的活塞杆伸出。

（3）当活塞到达限位开关 B2 位置时，B2 被感应，继电器 K2 吸合，在第 6 条控制线路上的常开触点 K2 闭合，电磁铁 Y2 带电，气缸的活塞返回。

（4）如果按钮 S3 仍处于"接通"，那么气缸开关 B1 再次被感应，气缸的活塞杆再次伸出。活塞杆的伸出速度应该能够无级地调节。

> **实践练习结论：**
>
> 限位开关是用于位移控制的主要元件。每个气缸的运动最多可以用**两个限位开关**来控制。控制顺序动作**最后运动**的限位开关主要用于逻辑的**启动控制（启动互锁、自动控制、换向控制等）**。

项目 4　天窗开启装置电气气动系统的认知与实践

教学导航

知识重点	了解先导式双电控(5/3)三位五通电磁换向阀的结构、工作原理；掌握电气气动回路的设计
知识难点	电气气动回路的设计
技能重点	能识别双作用气缸、速度和方向控制元件，能在实验台上进行双作用气缸系统的安装与调试
技能难点	先导式双电控(5/3)三位五通电磁换向阀、双作用气缸系统的安装与调试
推荐教学方式	从工作任务入手，通过对相关元件——双作用气缸、电磁换向阀的分析，使学生了解基本电气气动元件、电气气动系统的组成；通过在实验台上搭接回路，掌握电气气动系统的工作原理及应用
推荐学习方法	通过结构图，从理论上认识电气气动元件；通过观察实物剖面模型，从感性上了解电气气动元件；通过动手进行安装、调试，真正掌握所学知识与技能
建议学时	2 学时

任务 4.1　天窗开启装置电气气动系统的认知

任务介绍

天窗是连栋塑料温室的必要装备之一，它对温室的正常生产和经济效益有着重要的作用。传统天窗的启闭采用齿轮齿条结构，结构复杂，成本较高。下面介绍的是一种快速、安全、可靠、低成本的天窗开启装置的电气气动系统，如图 2-4-1 所示。按动按钮 S1，双作用气缸伸出，将天窗打开；松开按钮 S1 时，可以使天窗停留在打开过程的任意位置上。按动按钮 S2，

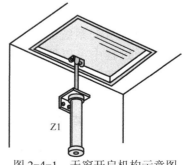

图 2-4-1　天窗开启机构示意图

双作用气缸返回，将天窗关闭；松开按钮 S2 时，可以使天窗停留在关闭过程的任意位置上。试设计电气气动回路并在实验台上进行安装与调试。

相关知识

先导式双电控（5/3）三位五通电磁换向阀的结构和工作原理及机能符号

如图 2-4-2 所示，先导式双电控（5/3）三位五通电磁换向阀具有三个换向位置。为了确保在电磁线圈不带电时阀芯处于中间位置，阀芯的两端需安装对中弹簧。如果电磁线圈 14 带电，主阀芯右移，1 口与 4 口接通，2 口与 3 口接通；如果电磁线圈 12 带电，主阀芯左移，1 口与 2 口接通，4 口与 5 口接通。

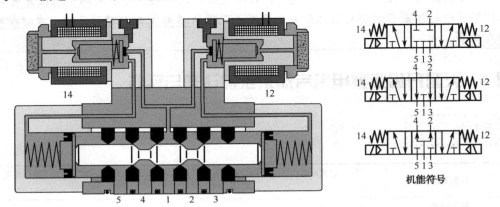

图 2-4-2　先导式双电控（5/3）三位五通电磁换向阀的结构示意图和机能符号

如果两个电磁线圈中的一个被通电，则阀将被换向到相应的换向位置上。如果两个电磁线圈同时通电，相同的输出与脉冲式电磁换向阀一样。

（5/3）三位五通电磁换向阀基本上采用先导控制并装有手动应急操纵装置。有内控和/或外控先导式（自控/外部控制）结构用于两个换向位置。

任务 4.2　天窗开启装置电气气动系统的实践

1. 天窗开启装置电气气动系统设计

了解了电气气动执行元件、方向控制元件，如何设计天窗开启装置的电气气动系统呢？

由前面学习已知电气气动系统是由气源、执行元件、控制元件和辅助元件组成的，因此，要完成此系统，首先需要气源。其次根据任务要求选择双作用气缸作为天窗开启装置的电气气动系统的执行元件，由于双作用气缸有两个气口需要控制，并且要求在伸出和返回过程中可以停留在任意位置上。因此，选择具有中位带截止功能的（5/3）三位五通电磁换向阀进行控制，来保证双作用气缸的伸缩。最后通过管路等电气气动辅助元件将系统组成封闭系统。

2. 天窗开启装置电气气动系统任务实践

1）天窗开启装置电气气动系统实验练习所需元件（见表 2-4-1）

表 2-4-1 元件清单

位置号	数 量	说 明	机 能 符 号
04	1	带磁性活塞环的双作用气缸	
33	1	中位带截止功能的（5/3）三位五通电磁换向阀	
15	2	单向节流阀	
37	1	开关盒，1 个控制开关，2 个按钮	
34	2	带 4 个转换触点的继电器	
38	2	气缸开关	
50	1	稳压电源	
42	1	接线端子盒	
01	1	压缩空气预处理单元	
02	1	压缩空气分配器	
		附件：实验室用导线，气管	

2）天窗开启装置电气气动系统建议在实验底板上元件的安装位置（见图 2-4-3）

3）天窗开启装置电气气动系统功能图（见图 2-4-4）

在图 2-4-4 中：

（1）用一个气缸来开启天窗。按动按钮 S1 打开天窗，按动按钮 S2 关闭天窗。

（2）一旦松开按钮，气缸的活塞杆就停在当前的位置上。

（3）按动两个按钮中的任意一个，天窗停在任意一个中间位置并保持在那里。

（4）即使在断气或断电的情况下，天窗仍将保持在当前的位置上。

（5）气缸活塞杆的伸出和返回速度均可无级调节。

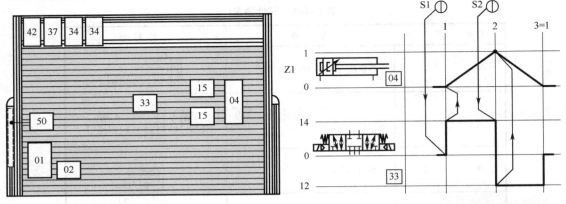

图 2-4-3　建议安装位置　　　　　图 2-4-4　天窗开启装置电气气动系统功能图

4）天窗开启装置电气气动系统气动回路分析（见图 2-4-5）

在图 2-4-5 中：

（1）如果电磁铁 Y1（14）或 Y2（12）不带电，则换向阀处于各个阀口被截止的中位，气缸的两个工作管路 4 和 2 被闭锁，气缸停止运动。

（2）当（5/3）三位五通电磁换向阀的电磁铁 Y1（14）带电时，双作用气缸 Z1 的活塞杆伸出。

（3）当（5/3）三位五通电磁换向阀的电磁铁 Y2（12）带电时，双作用气缸 Z1 的活塞杆返回。

（4）气缸的伸出和返回速度可以用单向节流阀进行无级调节。

5）天窗开启装置电气气动系统电气回路分析（见图 2-4-6）

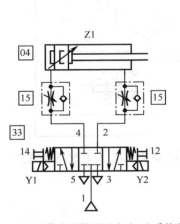

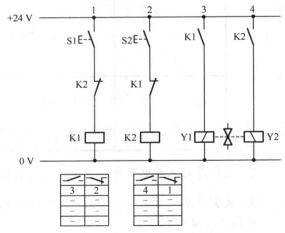

图 2-4-5　天窗开启装置电气气动系统气动回路图　　　图 2-4-6　天窗开启装置电气气动系统电气回路图

在图 2-4-6 中：

（1）当按动按钮 S1（常开触点）时，+24V 电压沿着常闭触点 K2 加到继电器 K1 上。在第 3 条控制线路上的常开触点 K1 闭合，电磁铁 Y1 带电。

（2）当按动按钮 S2（常开触点）时，+24V 电压沿着常闭触点 K1 加到继电器 K2 上，在

第4条控制线路上的常开触点K2闭合，电磁铁Y2带电。

（3）当同时按下两个按钮时，阀的两个电磁铁都不会带电。因为在第1条和第2条控制线路上使用了常闭触点K1和K2进行互锁。

> **实践练习结论：**
>
> 在电气-气动控制技术中，对于简单的气动停止控制来讲，可以采用*中位带截止功能的（5/3）三位五通电磁换向阀*（弹簧自动对中）进行控制。为了确保阀的换向可靠。当同时按下按钮S1和S2时，第1条和第2条线路上的**常闭触点**实现**互锁**。

项目5　浸漆装置电气气动系统的认知与实践

教学导航

知识重点	了解通电延时继电器的工作原理；掌握使用通电延时继电器对一个双作用气缸进行控制的设计
知识难点	通电延时继电器对一个双作用气缸的控制
技能重点	通电延时继电器的使用
技能难点	通电延时继电器的调节
推荐教学方式	从工作任务入手，通过对相关元件——通电延时继电器等的分析，使学生了解基本气动元件、气动系统的组成；通过在实验台上搭接回路，掌握气电转换系统的工作原理及应用
推荐学习方法	通过结构图，从理论上认识通电延时继电器；通过观察实物剖面模型，从感性上了解转换器元件；通过动手进行安装、调试，真正掌握所学知识与技能
建议学时	2学时

任务5.1　浸漆装置电气气动系统的认知

任务介绍

在生产过程中经常会遇到对加工完成的零件进行浸漆处理的情况，浸漆具有防腐的功能。

如图2-5-1所示是一个比较简易的浸漆装置，由机械装置、油漆槽、浸漆篮，以及带动篮子上下移动的一个双作用气缸组成。当气缸活塞伸出时，活塞杆带着装工件的篮子向下移动，使工件浸入油漆槽中，浸漆篮带着工件在油漆槽中停留5 s，然后自动升起。为防止工件在油漆槽中停留时间过长而报废，在意外断电时，气缸活塞杆自动返回，将篮子提起。

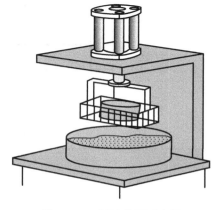

图2-5-1　浸漆装置示意图

相关知识

时间继电器

作为继电器的特殊种类，时间继电器可以延时接通或断开它的触点。因此，人们将时间继电器分为断电延时继电器和通电延时继电器两种。延时时间通常是可以调节的。

不同的时间继电器如下。

电子时间继电器：精度最高（误差在 1% 以下），延时可以从 1 ms 到 24 h，并且可以调节，绝大多数需要附加直流电用于内部的电子器件。

机械式时间继电器：精度有限，由机械电子传动机构构成时间继电器。

电气-气动时间继电器：精度很低，内部有一个小气容，通过节流阀控制压缩空气慢慢地充气或排气。

与内部结构无关，所有结构类型的时间继电器都用同一个图形符号元件来表示（通电延时继电器带十字，断电延时继电器带涂黑方框）。

通电延时继电器动作图形和机能符号如图 2-5-2 所示。

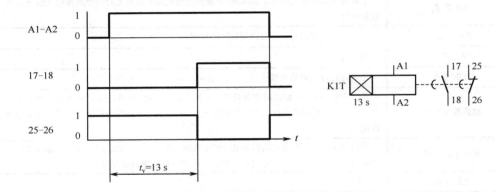

图 2-5-2 通电延时继电器动作图形和机能符号

断电延时继电器动作图形和机能符号如图 2-5-3 所示。

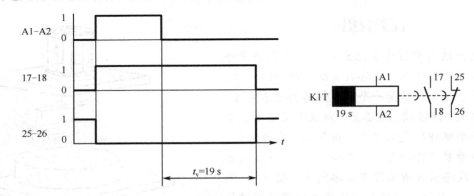

图 2-5-3 断电延时继电器动作图形和机能符号

在继电器图形符号的前面带十字方框的表示是通电延时继电器，带涂黑方框的表示是断电延时继电器。标注"T"的表示"延时时间"可以调节。

常闭触点和常开触点的连接号为 5 和 6 或 7 和 8，在机械作用线上画一个半圆线（开口向右或向左）。

还有一种时间继电器既带有通电延时触点，也带有断电延时触点。

任务 5.2　浸漆装置电气气动系统的实践练习

1. 浸漆装置电气气动系统设计

了解通电延时继电器的工作原理，如何使用通电延时继电器对一个双作用气缸进行控制设计呢？

由前面学习已知气动系统是由气源、执行元件、控制元件和辅助元件组成的，因此，要完成此系统，首先需要气源。其次根据任务要求选择双作用气缸作为浸漆篮驱动缸，由于双作用气缸有两个气口需要控制，因此选择具有两个输出口的（5/2）二位五通换向阀进行控制，两个输出口分别接单向节流阀。最后通过管路等气动辅助元件将气动元件组成系统。浸漆时间可以调节。

2. 浸漆装置电气气动系统任务实践

1）浸漆装置电气气动系统实验练习所需元件（见表 2-5-1）

表 2-5-1　元件清单

位　置　号	数　　量	说　　　　明	机　能　符　号
04	1	带磁性活塞环的双作用气缸	
32	1	（5/2）二位五通脉冲式电磁换向阀	
15	2	单作用节流阀	
37	1	开关盒，1 个控制开关，2 个按钮	
34	1	带 4 个转换触点的继电器	
35	1	通电延时继电器	
38	2	气缸开关	
50	1	稳压电源	

续表

位 置 号	数 量	说 明	机 能 符 号
42	1	接线端子盒	
01	1	压缩空气预处理单元	
02	1	压缩空气分配器	
		附件：实验室用导线，气管	

2）浸漆装置电气气动系统建议在实验底板上元件的安装位置（见图2-5-4）

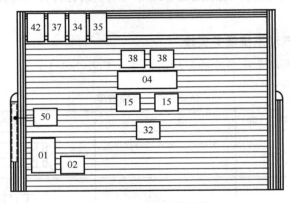

图2-5-4　建议安装位置

3）浸漆装置电气气动系统功能图（见图2-5-5）

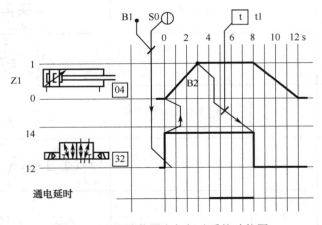

图2-5-5　浸漆装置电气气动系统功能图

4）浸漆装置电气气动系统气动回路分析（见图2-5-6）

在图2-5-6中：

 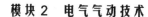

（1）当给（5/2）二位五通脉冲式电磁换向阀（双稳元件）的电磁铁 Y1（14）一个脉冲信号时，气缸 Z1 的活塞向前运动并感应气缸开关 B2。

（2）当给（5/2）二位五通脉冲式电磁换向阀（双稳元件）的电磁铁 Y2（12）一个脉冲信号时，脉冲阀换向，气缸 Z1 的活塞退回到后端终点位置并感应气缸开关 B1。

（3）气缸活塞杆的伸出速度可以由单向节流阀进行无级调节。

5）浸漆装置电气气动系统电气回路分析（见图 2-5-7）

在图 2-5-7 中：

（1）当按动按钮 S0 时，在第 1 条控制线路上，+24 V 电压通过气缸开关 B1 加到继电器 K1 的线圈上。

（2）在第 3 条控制线路上的常开触点 K1 闭合，电磁铁 Y1 带电，换向阀换向，气缸的活塞杆伸出。

（3）当气缸开关 B2 被感应时，延时继电器 K2 的线圈带电。

（4）将延时时间设定在 5 s。

（5）当达到延时接通继电器的时间后，在第 4 条控制线路上的延时接通触点闭合，电磁铁 Y2 带电，换向阀换向，气缸的活塞杆退回。

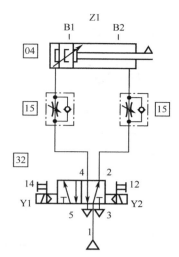

图 2-5-6　浸漆装置电气气动系统气动回路图

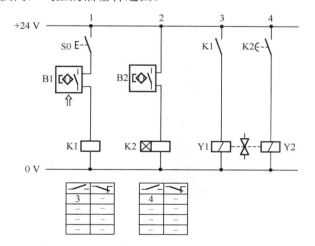

图 2-5-7　浸漆装置电气气动系统电气回路图

实践练习结论：

　　像普通的继电器触点一样，通电延时继电器通常只有 <u>一对常闭触点和一对常开触点</u>。通电延时继电器通电时常开触点 <u>"延时"</u> 闭合，常闭触点 <u>"延时"</u> 断开。

　　通电延时的触点用半圆弧来表示，并且开口朝右边。

项目6 压弯机电气气动系统的认知与实践

教学导航

知识重点	了解气/电压力开关的结构、工作原理；掌握电气气动回路的设计
知识难点	电气气动回路的设计
技能重点	能识别气/电压力开关，能在实验台上进行单作用气缸系统的安装与调试
技能难点	气/电压力开关的安装与调试
推荐教学方式	从工作任务入手，通过对相关元件——气/电压力开关、双作用气缸、换向阀和气动二联件的分析，使学生了解气电转化元件、电气气动系统的组成；通过在实验台上搭接回路，掌握电气气动系统的工作原理及应用
推荐学习方法	通过结构图，从理论上认识气/电压力开关；通过观察实物剖面模型，从感性上了解气/电压力开关；通过动手进行安装、调试，真正掌握所学知识与技能
建议学时	2 学时

任务 6.1 压弯机电气气动系统的认知

任务介绍

在自动生产线上经常会遇到压弯机，如图 2-6-1 所示，当工件送入压弯机后，压弯机的压头由气缸控制并具有如下功能：按动一个手动按钮开关后，大通径气缸的活塞杆伸出到前端位置，并借助压头的冲击力将钢板压弯成形，当压弯过程达到规定的压力并且超过一定的时间时，气缸自动返回。气缸伸出和返回速度可以无级调节。

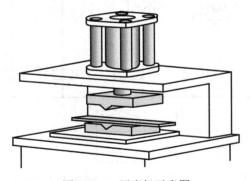

图 2-6-1　压弯机示意图

相关知识

1．气/电转换器（气/电压力开关）的结构和工作原理及机能符号

如图 2-6-2 所示，在气信号的入口处，当达到所设定的开关压力（或者是负压、真空）时，阀芯通过膜片并克服弹簧力进行运动，从而带动与阀芯耦合连接的微型开关进行动作。

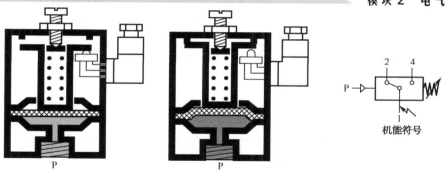

图 2-6-2　气/电压力开关结构示意图和机能符号

微型开关绝大多数采用转换式开关，为的是可以将电路接通和断开。

当开关压力下降到一定值时，微型开关返回到它的原始位置。在此必须注意：接通和断开的压力是不同的。差别在于两个开关点之间有一个开关滞后。

开关滞后与不同的因素有关，如弹簧力、摩擦力、微型开关的开关点等。

机械式气/电转换器（气/电压力开关）的重要参数如表 2-6-1 所示。

表 2-6-1　机械式气/电转换器（气/电压力开关）的重要参数

额定压力	P_e	3 bar	8 bar	16 bar
最低允许压力	P_e	0.2 bar	0.5 bar	1 bar
开关压差		按照特性曲线		
开关精度		±3%		
最大开关电压		250 VAC，250 VDC		
最大开关电流		15 A（在 24 VAC 下）		
最大开关次数		100 次/min		
防护形式		IP 65		
在最大电流下的使用寿命		10^5 次转换		
电气连接		连接插座 Pg9，A 形		

2．气/电转换器（气/电压力开关）的应用举例

气/电转换器（气/电压力开关）应用于需要将气信号转换成电信号的场合。人们将其分为：

（1）开关压力不可调式和开关压力可调式。

（2）用于低压、真空或者压力为 25 bar。

（3）机械式和电子式。

大家知道，通过对石英晶体施加压力就可以产生电压。人们利用这种压电效应可以将气信号转换成电信号。在一般情况下，通过晶体（三极）管在转换器的出口处形成一个开关信号，因此转换器的使用寿命在理论上是无限的。此外，开关点宽泛并且借助按钮可以准确地调节，所调节的压力值用数字显示。

电子式气/电转换器（气/电压力开关）的重要参数如表 2-6-2 所示。

表 2-6-2 电子式气/电转换器（气/电压力开关）的重要参数

额定压力	P_e	1 bar	10 bar	25 bar
最低允许压力	P_e	0.01 bar	0.04 bar	0.1 bar
调节开关点		终值的 0%～100%		
线性度		小于终值的 0.5 %		
反应时间		小于 5 ms		
电源电压		18～32 VDC		
输出电压		电源电压（−1.5 V）		
耗用电流		50 mA		
最大开关电流		1 A（短路稳定）		
使用寿命		10^8 次转换		
防护形式		IP 65		

在电路图中的机能符号如图 2-6-3 所示。

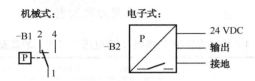

图 2-6-3 气/电压力开关机能符号

任务 6.2 压弯机电气气动系统的实践练习

1. 压弯机电气气动系统设计

了解了气/电压力开关、气动执行元件、方向控制元件，如何设计压弯机的电气气动系统呢？

由前面学习已知电气气动系统是由气源、执行元件、控制元件和辅助元件组成的，因此，要完成此系统，首先需要气源。其次根据任务要求选择双作用气缸作为压头，由于双作用气缸有两个气口需要控制，因此选择具有两个输出口的（5/2）二位五通脉冲式电磁换向阀进行控制。最后通过管路等气动辅助元件将系统组成封闭系统。

2. 压弯机电气气动系统任务实践

1）压弯机电气气动系统实验练习所需元件（见表 2-6-3）

表 2-6-3 元件清单

位 置 号	数 量	说 明	机 能 符 号
04	1	带磁性活塞环的双作用气缸	
15	2	单作用节流阀	100%

续表

位置号	数量	说　　　明	机能符号
32	1	（5/2）二位五通脉冲式电磁换向阀	
37	1	开关盒，1个控制开关，2个按钮	
34	1	带4个转换触点的继电器	
36	1	通电延时继电器	
40	1	压力继电器	
38	2	气缸开关	
50	1	稳压电源	
41	1	显示单元	
42	1	接线端子盒	
01	1	压缩空气预处理单元	
02	1	压缩空气分配器	
		附件：实验室用导线，气管	

2）压弯机电气气动系统建议在实验底板上元件的安装位置（见图2-6-4）

3）压弯机电气气动系统功能图（见图2-6-5）

在图2-6-5中：

（1）用手将金属板放入压弯机内，气缸伸出将金属板压弯成形。当压弯过程达到规定的压力并且超过一定的时间时，气缸自动返回。

（2）活塞杆的伸出和返回速度均可以无级调节。

（3）使用了一个（5/2）二位五通脉冲式电磁换向阀（双稳元件）作为主控元件。

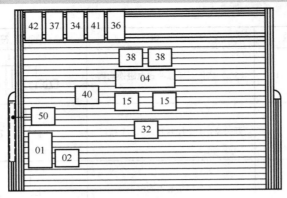

图 2-6-4　建议安装位置

（4）使用气缸开关作为传感器。

4）压弯机电气气动系统气动回路分析（见图 2-6-6）

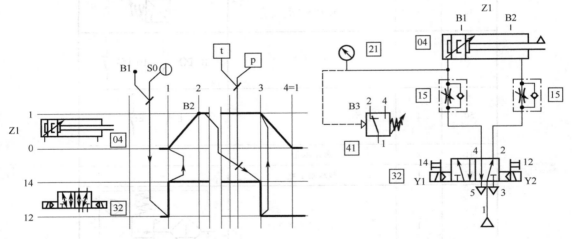

图 2-6-5　压弯机电气气动系统功能图　　　　　图 2-6-6　压弯机电气气动系统气动回路图

在图 2-6-6 中：

（1）当给（5/2）二位五通脉冲式电磁换向阀的电磁铁 Y1（14）一个电脉冲信号时，双作用气缸 Z1 的活塞杆伸出并且感应限位开关 B2。

（2）当达到气/电压力开关 B3 调定压力时，给（5/2）二位五通脉冲式电磁换向阀的电磁铁 Y2（12）一个电脉冲信号，双作用气缸 Z1 的活塞杆返回并且感应限位开关 B1。

（3）活塞杆的伸出和返回速度可以用单向节流阀进行无级调节。

5）压弯机电气气动系统电气回路分析（见图 2-6-7）

在图 2-6-7 中：

（1）当按动按钮 S0 时，+24 V 电压通过第 1 条控制线路上的气缸开关 B1 加到继电器线圈 K1 上。

（2）在第 4 条控制线路上的常开触点 K1 闭合，电磁铁 Y1 带电，气缸的活塞杆伸出到

前端终点位置并感应气缸开关 B2。

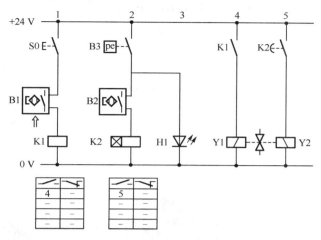

图 2-6-7　压弯机电气气动系统电气回路图

（3）当压力继电器 B3 接通时，显示灯 H1 亮。

（4）通过 B3 和 B2 使时间继电器 K2 吸合。在第 5 条控制线路上的通电延时触点闭合，使电磁铁 Y2 带电，气缸退回。

> **实践练习结论：**
>
> 　　气/电压力开关通过内部触点或电路将气信号转换成**电**信号。压力继电器可以在一定的压力范围内进行调节，当**达到**设定压力后，触点动作。

项目 7　抓料和送料装置电气气动系统的认知与实践

教学导航

知识重点	了解控制双缸顺序动作的控制元件；掌握电气气动回路的设计
知识难点	电气气动回路的设计
技能重点	能识别带磁性活塞环的双作用气缸、速度和方向控制元件，能在实验台上进行双作用气缸系统的安装与调试
技能难点	双缸顺序动作系统的安装与调试
推荐教学方式	从工作任务入手，通过对相关元件——双作用气缸、气缸开关、电磁换向阀的分析，使学生了解电气气动元件、电气气动系统的组成；通过在实验台上搭接回路，掌握电气气动系统的工作原理及应用
推荐学习方法	通过结构图，从理论上认识气动元件；通过观察实物剖面模型，从感性上了解气动元件；通过动手进行安装、调试，真正掌握所学知识与技能
建议学时	2 学时

任务 7.1　抓料和送料装置电气气动系统的认知

任务介绍

在自动化生产线上经常会见到将已加工完的工件从某一工位上抓取后，再传递到生产线上。抓取和传递的方式多种多样，可以利用工业机械手、机械手爪、气缸、传送带等机构。下面介绍的是一种采用两个双作用气缸顺序动作的方式来实现工件的传递。

如图 2-7-1 所示，气动手爪从下面升上来的托盘中抓取工件，气缸 1 抓住工件，然后气缸 2 将气动手爪推送到传送带的上方。气动手爪（气缸 1）将工件放到传送带上。气缸 2 带着气动手爪返回到它的初始位置。

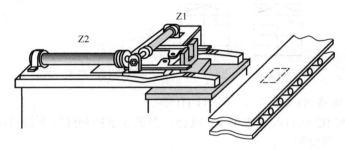

图 2-7-1　抓料和送料装置示意图

任务 7.2　抓料和送料装置电气气动系统的实践练习

1．抓料和送料装置电气气动双缸顺序动作系统设计

了解了电气元件、气动执行元件、方向控制元件和流量控制元件等，如何设计双缸顺序动作电气气动系统呢？

由前面学习已知电气气动系统是由气源、执行元件、控制元件和辅助元件组成的，因此，要完成此系统，首先需要气源。其次根据任务要求选择两个双作用气缸顺序动作来实现工件的传送，选择具有两个输出口的（5/2）二位五通脉冲式电磁换向阀进行控制。最后通过管路等气动辅助元件将系统组成封闭系统。

2．抓料和送料装置电气气动双缸顺序动作系统任务实践

1）抓料和送料装置电气气动双缸顺序动作系统实验练习所需元件（见表 2-7-1）

表 2-7-1　元件清单

位 置 号	数　量	说　　　明	机 能 符 号
04	2	带磁性活塞环的双作用气缸	
15	2	单向节流阀	100%

续表

位置号	数量	说　　明	机 能 符 号
32	2	（5/2）二位五通脉冲式电磁换向阀	
37	1	开关盒，1个控制开关，2个按钮	
34	4	带4个转换触点的继电器	
38	4	气缸开关	
50	1	稳压电源	
42	1	接线端子盒	
01	1	压缩空气预处理单元	
02	1	压缩空气分配器	
		附件：实验室用导线，气管	

2）抓料和送料装置电气气动双缸顺序动作系统建议在实验底板上元件的安装位置（见图 2-7-2）

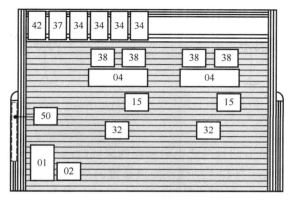

图 2-7-2　建议安装位置

3）抓料和送料装置电气气动双缸顺序动作系统功能图（见图2-7-3）

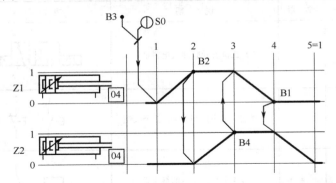

图 2-7-3　抓料和送料装置电气气动双缸顺序动作系统功能图

在图 2-7-3 中：

（1）气动手爪从由下面升上来的托盘中抓取工件。气缸 1 抓住工件，然后气缸 2 将气动手爪推动到传送带的上方。

（2）气动手爪（气缸 1）将工件放到传送带上。气缸 2 带着气动手爪返回到它的初始位置。

（3）（5/2）二位五通脉冲式电磁换向阀（双稳元件）作为主控元件。

（4）信号元件为气缸开关（磁性传感器）。

（5）两个气缸的活塞杆伸出速度应该可以无级调节。

4）抓料和送料装置电气气动双缸顺序动作系统气动回路分析（见图2-7-4）

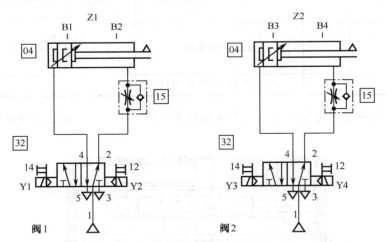

图 2-7-4　抓料和送料装置电气气动双缸顺序动作系统气动回路图

在图 2-7-4 中：

（1）用两个（5/2）二位五通脉冲式电磁换向阀来控制两个双作用气缸。

（2）电磁换向阀带有显示灯和手动强制操纵装置。

（3）阀 1 的电磁铁分别为 Y1 和 Y2，阀 2 的电磁铁分别为 Y3 和 Y4。

（4）当电压信号加到电磁铁 Y1 和 Y3 上时，气缸的活塞杆伸出。当电压信号加到电磁铁 Y2 和 Y4 上时，气缸的活塞杆返回。

（5）气缸开关带有显示灯并且被安装在各自气缸的终端位置上，分别用 B1、B2、B3、B4 表示。

（6）两个气缸的活塞杆伸出速度可以用单向节流阀进行无级调节。

5）抓料和送料装置电气气动双缸顺序动作系统电气回路分析（见图 2-7-5）

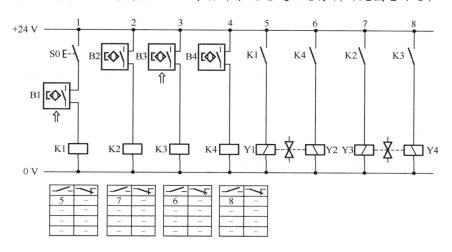

图 2-7-5　抓料和送料装置电气气动双缸顺序动作系统电气回路图

在图 2-7-5 中：

（1）所有的气缸开关不能直接控制电磁线圈，必须借助于继电器触点进行控制。

（2）当按动控制按钮 S0 时，电压通过被感应的气缸开关 B1 加到继电器 K1 上。在第 5 条控制线路上的常开触点 K1 闭合，使电磁铁 Y1 带电，气缸 1 的活塞杆伸出到它的前端终点位置并感应气缸开关 B2。

（3）气缸开关 B2 使继电器 K2 带电。在第 7 条控制线路上的常开触点 K2 闭合，使电磁铁 Y3 带电，气缸 Z2 的活塞杆伸出到它的前端终点位置并感应气缸开关 B4。

（4）气缸开关 B4 使继电器 K4 带电。在第 6 条控制线路上的常开触点 K4 闭合，使电磁铁 Y2 带电，气缸 Z1 的活塞杆返回到它的后端终点位置并感应气缸开关 B1。

（5）气缸开关 B1 使继电器 K3 带电。在第 8 条控制线路上的常开触点 K3 闭合，使电磁铁 Y4 带电，气缸 Z2 的活塞杆退回。

（6）气缸开关 B3 被感应后，为下一次新的工作循环做好准备。

实践练习结论：

气缸开关（主要是簧片式触点）不适合直接驱动**大负载**并且通过互感电压（瞬间放电）**很容易被损坏**。使用继电器作为**放大器**，气缸开关可以通过驱动低功耗的继电器线圈（继电器触点的接触时间**短**）实现驱动**大负载**。

项目 8　压销钉装置电气气动系统的认知与实践

教学导航

知识重点	了解控制双缸顺序动作的控制元件；掌握电气气动回路的设计
知识难点	电气气动回路的设计
技能重点	能识别带磁性活塞环的双作用气缸、速度和方向控制元件；能在实验台上进行双作用气缸系统的安装与调试
技能难点	双缸顺序动作系统的安装与调试
推荐教学方式	从工作任务入手，通过对相关元件——双作用气缸、气缸开关、电磁换向阀的分析，使学生了解电气气动元件、电气气动系统的组成；通过在实验台上搭接回路，掌握电气气动系统的工作原理及应用
推荐学习方法	通过结构图，从理论上认识气动元件；通过观察实物剖面模型，从感性上了解气动元件；通过动手进行安装、调试，真正掌握所学知识与技能
建议学时	2 学时

任务 8.1　压销钉装置电气气动系统的认知

任务介绍

如图 2-8-1 所示，为了将两个销钉压入工件内，可以先将两个销钉放到工件上。当按动启动按钮后，气缸 Z1 先将工件夹紧，然后气缸 Z2 将销钉压入工件中。为了安全起见，夹紧气缸必须夹紧工件，一直到压入气缸返回它的后端终点位置为止。

任务 8.2　压销钉装置电气气动系统的实践练习

1. 压销钉装置电气气动系统设计

了解了电气元件、气动执行元件、方向控制元件和流量控制元件等，如何设计双缸顺序动作电气气动系统呢？

由前面学习已知电气气动系统是由气源、执行元件、控制元件和辅助元件组成的，因此，要完成此系统，首先需要气源。其次根据任务要求选择两个双作用气缸顺序动作来实现工件的传送，选择（5/2）二位五通脉冲式电磁换向阀（双稳元件）作为主控元件，气缸开关（磁性传感器）作为信号元件，两个气缸活塞杆的伸出速度应该可以无级调节。最后通过管路等气动辅助元件将系统组成封闭系统。

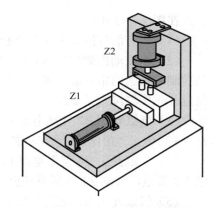

图 2-8-1　压销钉装置示意图

2．压销钉装置电气气动系统任务实践

1）压销钉装置电气气动系统实验练习所需元件（见表 2-8-1）

表 2-8-1　元件清单

位置号	数量	说　明	机 能 符 号
04	2	带磁性活塞环的双作用气缸	
15	2	单向节流阀	100%
32	2	（5/2）二位五通脉冲式电磁换向阀	
37	1	开关盒，1 个控制开关，2 个按钮	
34	2	带 4 个转换触点的继电器	
38	4	气缸开关	
41	1	显示单元	
50	1	稳压电源	+24 V 0 V
42	1	接线端子盒	
01	1	压缩空气预处理单元	
02	1	压缩空气分配器	
		附件：实验室用导线，气管	

2）压销钉装置电气气动系统建议在实验底板上元件的安装位置（见图 2-8-2）

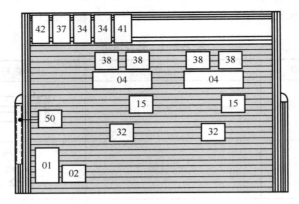

图 2-8-2　建议安装位置

3）压销钉装置电气气动系统功能图（见图 2-8-3）

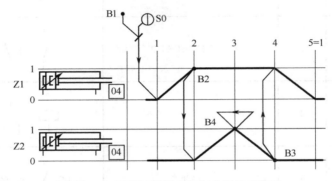

图 2-8-3　压销钉装置电气气动系统功能图

在图 2-8-3 中：

（1）用手将两个销钉放到工件上，压入机上的气缸将销钉压入工件内。

（2）生产过程是全自动的，当按动启动按钮 S0 后，气缸 Z1 将工件夹紧，然后气缸 Z2 将销钉压入工件中。

（3）为了安全起见，夹紧气缸必须夹紧工件，一直到压入气缸返回它的后端终点位置为止。

（4）（5/2）二位五通脉冲式电磁换向阀（双稳元件）作为主控元件。

（5）气缸开关（磁性传感器）作为信号元件。

（6）两个气缸活塞杆的伸出速度应该可以无级调节。

4）压销钉装置电气气动系统气动回路分析（见图 2-8-4）

在图 2-8-4 中：

（1）用两个（5/2）二位五通脉冲式电磁换向阀来控制两个双作用气缸。

（2）电磁换向阀带有显示灯和手动强制操纵装置。

（3）阀 1 的电磁铁分别为 Y1 和 Y2，阀 2 的电磁铁分别为 Y3 和 Y4。

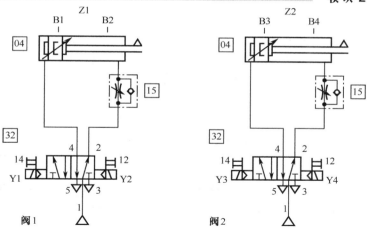

图 2-8-4 压销钉装置电气气动系统气动回路图

（4）当电压信号加到电磁铁 Y1 和 Y3 上时，气缸的活塞杆伸出。当电压信号加到电磁铁 Y2 和 Y4 上时，气缸的活塞杆返回。

（5）气缸开关带有显示灯并且被安装在各自气缸的终端位置上，分别用 B1、B2、B3、B4 表示。

（6）两个气缸的活塞杆伸出速度可以用单向节流阀进行无级调节。

5）压销钉装置电气气动系统电气回路分析（见图 2-8-5）

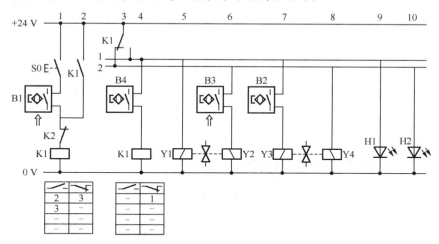

图 2-8-5 压销钉装置电气气动系统电气回路图

在图 2-8-5 中：

（1）当接通工作电压后，从控制电路 2 带电。

（2）当按动控制按钮 S0 （常开触点）时，+24 V 电压通过被感应的气缸开关 B1 和尚未断开的触点 K2 加到继电器 K1 上。

（3）在第 2 条控制线路上的常开触点 K1 闭合并且形成一个对继电器 K1 的自锁回路。

（4）在第 3 条控制线路上的转换触点 K1 同时接通从控制电路 1。

（5）电磁换向阀的电磁铁 Y1 带电并使气缸 Z1 的活塞杆伸出。

（6）B2 被感应后，电磁换向阀的电磁铁 Y3 带电并使气缸 Z2 的活塞杆伸出。

（7）B4 被感应后，继电器 K2 带电，常闭触点 K2 将继电器 K1 的自保持回路断开。

（8）在第 3 条控制线路上的转换触点 K1 接通从控制电路 2。

（9）电磁换向阀的电磁铁 Y4 带电并使气缸 Z2 的活塞杆返回。

（10）B3 被感应并使 Y2 带电，气缸 Z1 的活塞杆也返回。

（11）显示灯 H1 和 H2 分别显示从控制电路 1 和 2 的带电情况。

实践练习结论：

　　可以 **"直观地"** 看出带控制信号障碍的顺序动作回路是从 **气动控制系统** 发展而来的，这样可以使用最少的元件来实现控制功能（如继电器的数量）。但是顺序动作的可靠性并不能始终保证，因为这种回路并不是一种 **公认的形式**，使得故障诊断 **更加困难**。

项目9　气动系统的故障诊断与排除

教学导航

知识重点	了解简单气动设备的一般使用注意事项；掌握气动系统故障诊断与排除的基本方法
知识难点	故障判断
技能重点	识别气动系统回路图中的气动元件；结合系统图解读元件的作用
技能难点	能够根据气动、电气气动系统的故障现象，判断可能的故障原因； 能够根据气动、电气气动系统的故障原因，给出可行的解决方案
推荐教学方式	从实际案例入手，通过分析案例，了解气压传动故障判断和响应的解决方法
推荐学习方法	在实验台上搭接的气动系统上设置各种常见故障，请学生根据系统的故障现象进行判断和解决
建议学时	4 学时

任务9.1　气动冲压系统的故障诊断与排除

任务介绍

　　如图 2-9-1 所示，正常的动作顺序是按起始开关 S1，气缸缓慢伸出，伸出到 B2 点，延时 5 s 气缸返回（延时时间可调）。如果该回路出现气缸伸出到 B2 点后不返回，试判断故障点并在实验台上搭接回路模拟故障现象，检验分析结果。

　　任务分析：要想完成任务，图 2-9-2 中各元件都是需要认识和了解的，并应掌握机电综合系统故障产生的原因和对策，这些内容是基于前面学习模块内容基础之上的，检验学习者对所学知识能否达到灵活运用和是否具备了分析、解决实际问题的能力。因此，有必要对相关知识进行总结归纳，通过对气动系统的常见故障现象进行分析，学习和掌握气动系统的维修知识。

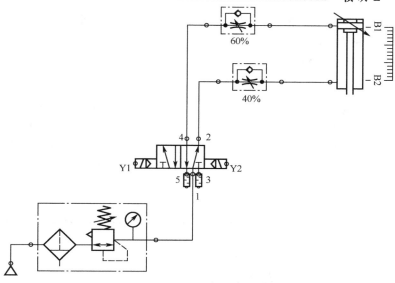

图 2-9-1　单缸延时连续循环动作气动回路图

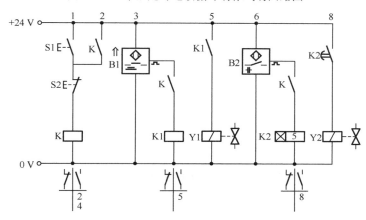

图 2-9-2　单缸延时连续循环动作电路图

相关知识

1．故障种类

气动系统的故障由于发生的时期不同，产生故障的内容和原因也不尽相同。因此，可按故障发生的时间将故障分为初期故障、突发故障和老化故障三种。

（1）初期故障：大约在调试和试运行二三个月内发生的故障。其产生的主要原因有元件加工问题、装配不良、设计失误、安装不符合要求、维护管理不善等。例如，管路未清理干净，紧固件不牢固，冷凝水未及时排出等。

（2）突发故障：系统在稳定运行时期内突然发生的故障。例如，电磁线圈突然烧毁，弹簧突然折断，突然停电造成的回路误动作等。

（3）老化故障：个别或少数元件达到使用寿命后发生的故障。例如，泄漏越来越严重，气缸运动不平稳等。

根据故障暴露出的现象，采用恰当的方法判断出故障所在，才有可能找到解决故障的方法。这就是在相关知识一节要学习的内容。

2．气动系统故障分析诊断方法

1）替换法

将同类型、同结构、同原理的元件，置换（互换）安装在同一位置上，以证明被换元件是否工作可靠。替换法的优点在于，即使修理人员的技术水平较低，也能应用此法对气动系统的故障做出准确的诊断。但是，运用此法必须以同类型、同结构、同工作原理和相同气动元件的气动系统为前提，因而此法有很大的局限性和一定的盲目性。

2）经验法

主要依靠实际经验，并借助简单仪表，诊断故障发生的部位，找出故障原因。可用四个字来总结，即"望、闻、问、切"法。

（1）"望"指用眼来观察一些关键元件的运行情况。

① 看执行元件的运动速度有无异常变化。

② 各测压点的压力表显示的压力是否符合要求，有无大的波动。

③ 润滑油的质量和滴油量是否符合要求。

④ 冷凝水能否正常排出。

⑤ 换向阀排气口排出的空气是否干净。

⑥ 电磁换向阀电磁头的指示灯显示是否正常。

⑦ 紧固螺钉及管接头有无松动。

⑧ 管道有无扭曲和压扁。

⑨ 有无明显振动存在。

⑩ 加工产品质量有无变化等。

（2）"闻"指用耳听和鼻闻来感知一些关键元件的运行情况。

① 气缸及换向阀换向时有无异常声音。

② 系统停止工作但尚未泄压时，各处有无漏气，漏气声音大小及其每天的变化情况。

③ 电磁线圈和密封圈有无因过热而发出特殊气味等。

（3）"问"指通过查找工艺资料、设备运行记录等资料，以及询问一线操作人员等方式，来了解系统的运行情况。

① 查阅气动系统的技术档案，了解系统的工作程序、运行要求及主要技术参数。

② 查阅产品样本，了解每个元件的作用、结构、功能和性能。

③ 查阅维护检查记录，了解日常维护保养工作的情况。

④ 访问现场操作人员，了解设备运行情况，了解故障发生前的征兆及故障发生时的状况，了解曾经出现过的故障及其排除方法。

（4）"切"指用手来感知设备运行中元件的情况。

① 触摸相对运动件外部的手感和温度，电磁线圈处的温升等。触摸 2 s 感到烫手，则应查明原因。

② 气缸、管道等处有无振动感，气缸有无爬行感，各接头处及元件处有无漏气等。

经验法简单易行，但由于每个人的感觉、实际经验和判断能力的差异，导致诊断故障的

结果会存在一定的差异，因此具有局限性。

3）推理分析法

利用逻辑推理，步步逼近，寻找出故障的真实原因的方法，称为推理分析法。例如，查找气缸不动作的故障，一方面可能的原因是气缸内气压不足或阻力太大，以致气缸不能推动负载运动；另一方面又可能是气缸、电磁换向阀、管路系统和控制管路等出现气压不足导致阀不能正常工作，从而出现气缸不动作的故障。而某一方面的故障又有可能是由不同原因引起的，逐级进行故障原因推理。具体推理的步骤如下：

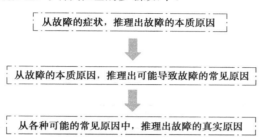

由故障的本质原因，逐级推理出导致故障的众多原因，再选出真实的原因，这需要对元件的结构、原理、特点和使用过程中常出现的一些问题有清楚的了解，需大量的实践和经验的积累。下面就介绍一些气动元件在使用过程中常出现的故障现象及对策，如表 2-9-1～表 2-9-6 所示。

表 2-9-1　气压不足

故障原因	对策
耗气量太大，空压机输出流量不足	选择输出流量合适的空压机或增设一定容积的气罐
空压机活塞环等磨损	更换零件，在适当部位安装单向阀，维持执行元件内的压力
漏气严重	更换损坏的密封件或软管，紧固管接头及螺钉
减压阀输出压力低	调节减压阀至使用压力
速度控制阀开度太小	将速度控制阀打开到合适开度
管路细长或管接头选用不当	重新设计管路，加粗管径，选用流通能力大的管接头及气阀
各支路流量匹配不合理	改善各支路流量匹配性能，采用环形管道供气。

表 2-9-2　气缸行程途中速度忽快忽慢

故障原因	对策
负载变动	若负载变动不能改变，则应增大缸径，降低负载率
滑动部位动作不良	对滑动部位进行调整，若不能消除活塞杆上的径向力，则应安装浮动接头，设置外部导向机构，解决滑动阻力问题
因其他装置，造成工作压力变动大	提高供给压力
	增设气罐

表 2-9-3　气缸爬行

故 障 原 因	对　　策
供给压力小于最低使用压力	提高供给压力，设置储气罐，以减少压力变动
同时有其他耗气更大的装置工作	增设储气罐，增设空压机，以减少压力变动
负载的滑动摩擦力变化较大	配置摩擦力不变动的装置
	增大缸径、降低负载率
	提高供给压力
气缸摩擦力变动大	进行合适的润滑
	杆端装浮动接头，消除径向力
负载变动大	增大缸径，降低负载率
	提高供给压力
气缸内泄漏大	更换活塞密封圈或气缸

表 2-9-4　执行元件速度变慢

故 障 原 因	对　　策
调速阀松动	调整合适开度后锁定
负载变动	重新调整调速阀
	调整使用压力
压力降低	重新调整至供给压力并锁定
	若设定压力缓慢下降，则应注意过滤器的滤芯是否阻塞
润滑不良，导致摩擦力增大	进行合适的润滑
气缸密封圈处泄漏	密封圈泡胀应更换，并检查清洗，净化系统
	若缸筒、活塞杆等有损伤，则更换
低温环境下高频工作，在换向阀出口的消声器上冷凝水会逐渐冻结（因绝热膨胀，温度降低），导致气缸速度逐渐变慢	提高压缩空气的干燥程度
	提高环境温度，降低环境空气的湿度

表 2-9-5　在气缸行程端部有撞击现象

故 障 原 因	对　　策
没有缓冲措施	增设适合的缓冲措施
缓冲阀松动	重新调整后锁定
缓冲密封圈，活塞密封圈等破损	应更换密封圈或气缸
负载增大或速度变快	恢复至原来的负载或速度，重新设计缓冲机构
装有液压缓冲器，但未调整到位	重新调整到位

表 2-9-6　过滤器故障及排除对策

故障现象	故障原因	对策
压力降太大	通过流量太大	选更大规格的过滤器
	滤芯堵塞	更换或清洗
	滤芯过滤精度太高	选合适的过滤精度
水杯破损	在有机溶剂的环境中使用	选用金属杯
	空压机输出某种焦油	更换空压机润滑油，使用金属杯
从输出端流出冷凝水	未及时排放冷凝水	每天排水，或安装自动排水器
	自动排水器有故障	修理或更换
	超过使用流量范围	在允许的流量范围内使用
输出端出现异物	滤芯破损	更换滤芯
	滤芯密封不严	更换滤芯密封垫
	错用有机溶剂清洗滤芯	改用清洁热水或煤油清洗
打开排水阀不排水	固态异物堵住排水口	清除
装了自动排水器，冷凝水也不能排出	过滤器安装不正确，浮子不能正常动作	检查并纠正安装姿势
	灰尘堵塞节流孔	停气，进行清洗
	存在锈蚀等，使自动排水器的动作部分不能动作	
	冷凝水中的油等黏性物质，阻碍浮子的动作	
水杯内无冷凝水，但出口配管内却有大量冷凝水流出	灰尘堵塞节流孔	停气，进行清洗
	存在锈蚀等，使自动排水器的动作部分不能动作	
	冷凝水中的油等黏性物质，阻碍浮子的动作	
带自动排水器的过滤器，从排水口排水不停	排水器的密封部位有损伤	停气，进行清洗并更换损伤件
	存在锈蚀等，使自动排水器的动作部分不能动作	
	冷凝水中的油等黏性物质，阻碍浮子的动作	
水杯内无冷凝水，但出口配管内却有大量冷凝水流出	过滤器处的环境温度过高，压缩空气的温度也过高，到出口处才冷却下来	安装位置不当，应安装在环境温度及压缩空气温度较低处
从水杯安装部位漏气	紧固环松动	拧紧紧固环
	O 形圈有伤	应停气更换损伤件
	水杯破损	
从排水阀漏气	排水阀松动	拧紧排水阀
	异物嵌入排水阀的阀座上或该阀座有伤	停气清除异物或更换损伤件
	水杯的排水阀安装部位破损	

任务 9.2　气动冲压系统故障诊断与排除的实践练习

1.　完成故障诊断任务

采用推力分析法判断：首先气缸活塞杆运动的前提是有气动力，正常情况下，气缸无杆腔进气，活塞杆伸出；气缸有杆腔进气，活塞杆返回。所以，既然气缸活塞杆能伸出，则说明气源压力没问题，基本排除气源系统故障点。如果气缸根本不伸出，则首先应该检查气源压力。

下一步应该将气动系统故障点和电气系统故障点分开。

（1）气动系统故障最容易判别，用螺丝刀操作电磁阀的手动应急按钮，如果操作手动应急按钮，气缸仍然不动，在本例中，几乎肯定是单向节流阀关死了，造成气缸活塞杆不返回，因为气源压力没问题。

（2）电气系统故障。一是检查活塞杆端安装的撞块是否与传感器类型匹配，金属撞块和非金属撞块各适合不同传感器类型；二是检查传感器安装位置，是否在感应有效范围内。如果操作手动应急按钮，气缸正常返回，则基本判定是电气问题。首先检查电路连接是否有问题，如果没有问题，气缸还不能返回，则应该检查电磁阀电磁铁 Y2 是否得电、继电器线圈 K2 是否得电、传感器 B2 是否有感应信号，这些都能通过观察指示灯，用万用表测量电磁头线圈电压，一步一步推进查找出故障点。

2.　任务实践

1）实训步骤

（1）将实验元件安装在实验台上。

（2）参考图 2-9-1，用气管路将元件可靠连接。

（3）启动开关，观察系统运行并进行调整。

（4）模拟问题，将单向节流阀关闭，与问题的分析结果相对照。

（5）如果将减压阀压力调整到 2 bar，观察系统会出现什么故障？

（6）如果将 B2 传感器位置改变，使其指示灯不会亮，则观察系统会出现什么故障？

（7）如果将时间继电器 K2 线圈虚接，观察系统会出现什么故障？

（8）总结实验过程，完成实验报告。

2）实训前的准备（见表 2-9-7）

表 2-9-7　元件清单

所需主要元件（以 BOSCH REXROTH 公司生产的气动元件为例）			
气动二联件	缓冲气缸	单向节流阀	（5/2）二位五通电磁换向阀

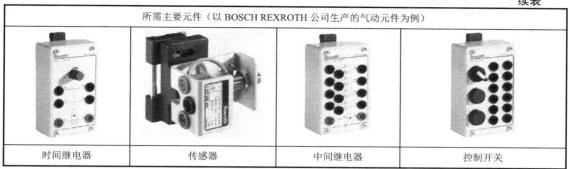

所需主要元件（以 BOSCH REXROTH 公司生产的气动元件为例）			
时间继电器	传感器	中间继电器	控制开关

拓展练习 1

1．如图 2-9-3 所示为气动延时回路图，试分析气缸伸出后不能返回的可能原因。

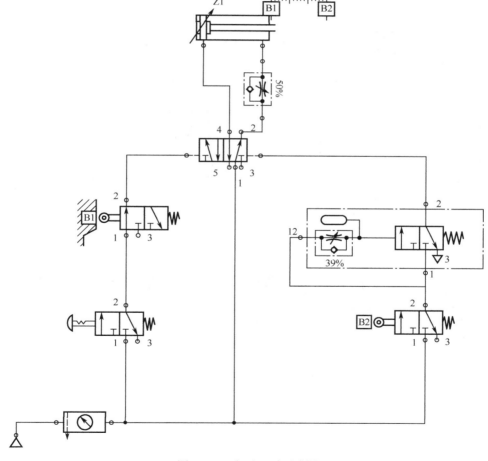

图 2-9-3　气动延时回路图

2．试分析图 2-9-4 中左边气缸伸出后，右边气缸不伸出的可能原因（电路图如图 2-9-5

所示）。

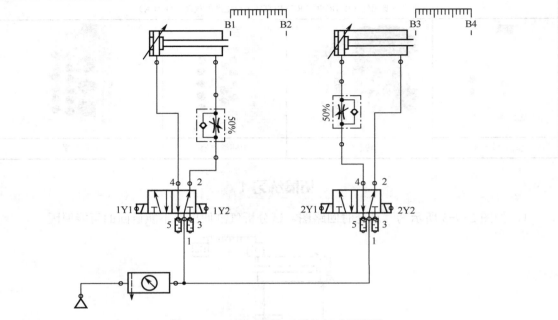

图 2-9-4　双缸电气气动系统气动回路图

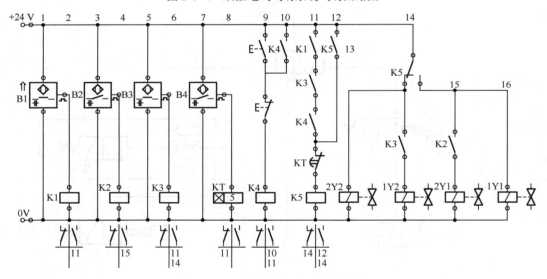

图 2-9-5　双缸电气气动系统电路图

模块 3

液压传动技术

模块内容构成

内　　容	建议学时
项目1：液压传动技术的认知	4
项目2：液压泵的认知与实践	8
项目3：卷扬机液压系统的认知与实践	6
学时小计	18

项目1 液压传动技术的认知

教学导航

知识重点	液压系统的概念、液压系统的组成；两个重要概念和两个重要参数
知识难点	对"压力取决于负载、速度取决于流量"概念的理解
技能重点	通过学习液压千斤顶的结构和工作原理，能识别简单液压系统动力元件、控制元件、执行元件、辅助元件等；能正确使用液压千斤顶；认识液压油的清洁度对液压系统的重要影响
技能难点	液压千斤顶简单故障诊断
推荐教学方式	从工作任务入手，通过对液压系统应用的介绍，了解基本液压系统的组成，了解液压系统在各行业的广泛应用，建立对液压系统学习的兴趣；通过简化的数学模型，使学生能分析简单液压系统的输出力、运动速度及传递功率的大小
推荐学习方法	通过结构示意图，从理论上认识液压元件；通过观察实物剖面模型，从感性上了解液压元件；通过动手进行安装、调试，真正掌握所学知识与技能
建议学时	4学时

任务1.1 了解液压传动技术

任务介绍

如图3-1-1所示为手动行走式电瓶液压叉车。以该叉车为例说明液压传动系统的组成，并简要说明其工作原理。

1为液压泵，作用是将机械能转换成液压能，为叉车液压系统提供动力，是液压系统动力元件。2为溢流阀，调定叉车液压系统最高工作压力，防止叉车超载。3是节流阀，调节叉车举升液压缸活塞杆下降速度。4是二位二通电磁换向阀，电磁铁不带电时，液压泵工作时举升液压缸5的活塞杆伸出；电磁铁带电时，举升液压缸5的活塞杆下降。2、3、4为叉车液压系统控制元件。5是液压缸，将液压能转换成举升重物的机械能，是执行元件。其他像油箱、管路、接头等为辅助元件。液压系统工作时，传递介质为液压油。

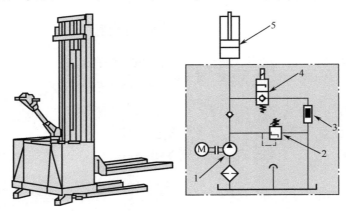

图3-1-1　手动行走式电瓶液压叉车示意图和液压回路图

相关知识

1. 液压传动的发展概况及应用

液压传动是以液体（油液）为介质进行力和位移的传递。

1）液压传动技术发展概况

1795 年，英国人约瑟夫·布拉马在伦敦制造出了世界上第一台用于牧草打包，以水为工作介质的压力机（见图 3-1-2）。约瑟夫·布拉马断定，如果一个小面积上的小力能在一个较大面积上产生一个成比例的较大的力，则机器所能产生的力的唯一限制就在于压力对其施加的那个面积。这是液压千斤顶及水压机的工作原理。17 世纪中叶，人们发明了压把式灭火器，该灭火器可以视为现代液压泵的原型，如图 3-1-3 所示。但是，液压传动在工业上广泛应用还是近几十年的事情。随着生产力的不断发展，从 20 世纪 30 年代开始，一些国家的部分公司开始生产液压元件并将其应用于机床上。

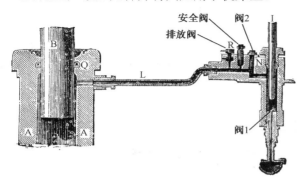

图 3-1-2　Bramah 压力机（1795 年）

图 3-1-3　压把式灭火器（17 世纪中叶）

帕斯卡定律可简单表述为：外力施加在封闭液体上的压力毫无损失地沿所有方向传递，并以相等的力作用在相等的面积上，而且方向与作用面垂直。

如今液压传动正朝着高压、集成、大功率、高效率、长寿命和低噪声方向发展。近年来，电液比例技术有了突飞猛进的发展。这种性能介于普通的开关阀和高性能的伺服阀之间的电液比例阀既能进行远程控制，又能进行闭环控制。特别是它与电控系统的高度融合使其能达到很高的控制精度，而且价格便宜，同时其对油液清洁度的要求也降低了。

2）液压传动技术的应用

液压传动技术被广泛应用在各个领域之中，如图 3-1-4～图 3-1-7 所示。

图 3-1-4　盾构机

图 3-1-5　轧钢机

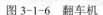
图 3-1-6　翻车机

图 3-1-7　装载机

2. 液压传动系统的工作原理

如图 3-1-8 所示，齿轮泵作为该液压系统的动力元件，将机械能转换为液压能，为液压系统提供动力；经过控制元件的控制，如流量阀控制液压缸伸出速度，溢流阀控制系统最高压力，二位二通手动换向阀及单向阀控制油液流动方向；最后将可控的液压能传递给执行元件液压缸，液压缸将液压能转换为直线运动机械能，对外做功。

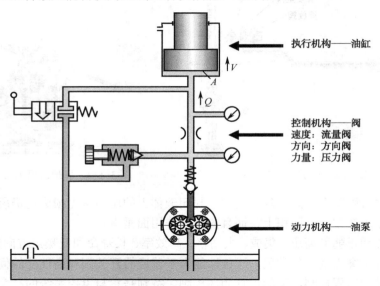

图 3-1-8　液压传动系统工作原理图

3. 液压系统的组成

通过上述例子可以看出，两个系统都比较简单，但它已反映出液压系统的基本组成部分。一般的液压系统主要由以下几个部分组成。

（1）动力元件：液压泵是液压系统的动力元件，是输送油液的装置。它将机械能转换成液压能，是整个液压系统的动力源。

（2）控制元件：压力阀、方向阀、流量阀构成了液压系统的控制元件。它们控制液压系统的压力、油液的流量和流动方向。这些元件在液压系统起着重要的作用，液压系统的各种功能都是通过控制元件实现的。

（3）执行元件：做直线往复运动的液压缸和做回转运动的液压电动机是液压系统的执行元件。它们是将液压能重新转换成机械能的装置。

（4）辅助元件：液压系统中的油箱、管路、接头、蓄能器、滤油器、压力表等均属于辅助元件。它们在液压系统中同样起着非常重要的作用。

（5）传动介质：液压油是液压系统的传动介质，液压油品质的好坏对液压系统的特性有着非常重要的影响。

4．基础知识

1）流量连续性定律

相同体积的液体，流经不同直径的管道，所经历的时间相等。

如图 3-1-9 所示，流量 Q 等于液体体积与时间 t 之比：$Q=V/t$。

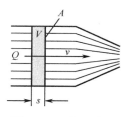

液体体积 V 等于液体面积 A 乘以长度 s：$V=A \cdot s$。

长度 s 除以时间 t 即为速度 v：$v=s/t$。

因此，流量 Q 等于液体面积 A 乘以液体流速 v：$Q=A \cdot v$。

实际上由于液体具有黏性，液体流动时，通流面积上各点的流速是不同的，管路中心处流速最大，越靠近管壁流速越小，管壁处的流速几乎为 0。因此，为分析方便，今后所说的流速均为平均流速。

图 3-1-9 体积流量

如图 3-1-10 所示，流量在管道任何截面均相同，管道有两个截面 A_1 和 A_2，则在相应截面有相应速度。

$$Q_1=Q_2$$
$$Q_1=A_1 \cdot v_1$$
$$Q_2=A_2 \cdot v_2$$

由此得到流量连续性方程：

$$A_1 \cdot v_1 = A_2 \cdot v_2 = Q$$

也就是说直径小的管道流速快。在定常流动中，流过各截面的不可压缩液体的流量是相等的，而且液体的平均流速与管道的过流截面积成反比。

2）摩擦力与压力损失

如图 3-1-11 所示，实际的液体具有黏性，在管路中流动时为了克服黏性造成的阻力就需要消耗一定的能量，由此会产生能量损失。能量损失主要表现为压力损失。压力损失的大小用图 3-1-11 中的 ΔP 来表示，液体黏度越大，流体内部液层间摩擦力就越大，压力损失也就越大。

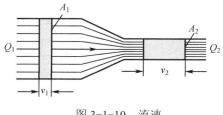

图 3-1-10 流速

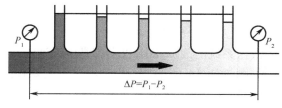

图 3-1-11 压力损失

压力损失的大小与以下因素相关：管道长度、管道截面积、管道内壁的粗糙度、管道的弯头数目、流体流动速度、流体黏性。

在液压系统中，压力损失分为两部分，一部分是油液流经等截面直管道时产生的压力损失，被称为沿程压力损失。这部分压力损失是由于液体流动时的内摩擦力引起的。另一部分是由于油液流经局部障碍，如管路转弯处、扩径或缩径处或阀口等处引起的流动方向或速度的突变造成的。它会在局部区域形成涡流，引起液体质点间相互碰撞和剧烈摩擦，从而产生压力损失。这部分压力损失被称为局部压力损失。

3）液体的两种流态

流动的类型也是影响液压系统压力损失的重要因素。

雷诺通过大量的实验证明了液体在管路中流动有两种状态，即层流和紊流。不同的流态对损失的影响也不同。雷诺还找出了判断流态的方法，即雷诺数。

如图 3-1-12 所示，液体流速在到达某一流速之前，液体在管道内分层流动。液体质点互不干扰，平行于管路的轴线做互不混杂的层状流动，即层流。流动呈线性或层状，平行于管道轴线，没有横向运动。

随着流速的继续增大，在某一临界速度下，流动形态会发生根本改变。如图 3-1-13 所示，液体质点的运动杂乱无章，除了沿管路轴线运动外，还有剧烈的横向运动，这种流态叫紊流。

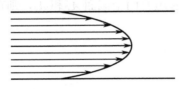

图 3-1-12　层流

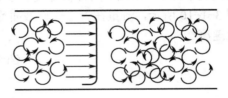

图 3-1-13　紊流

紊流会使流动阻力增大，因而压力损失会增加。设计液压系统尤其是设计管路时，必须考虑压力损失，应该避免紊流。因为它关系到系统所需的供油压力、管路的设计和布置等问题。压力损失过大，不仅会降低效率，而且会使系统温度升高。

临界速度并非固定值，取决于液体的黏度和管道的截面积。临界速度可通过计算得到，液压系统当前流速不能超过临界值，以保证液体流态为层流，尽量降低压力损失。

4）液压介质的污染与控制

液压系统的故障 80%以上都是因为油液污染造成的。如图 3-1-14 所示，污染物的来源主要有：1—外部的污染物；2—系统装配时造成的系统污染；3—启动造成的污染；4—内部污染；5—磨损造成的污染；6—新油带来的污染；7—维修时可能造成的污染等。

油液被污染后，会堵塞阻尼孔、使元件动作失灵、

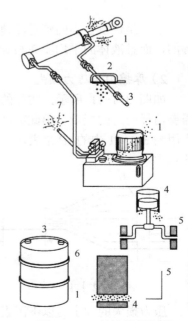

图 3-1-14　油液的污染源

加速零件磨损等，水的进入会加速油液的氧化并与添加剂作用产生黏性胶质物，堵塞滤油器。空气的进入会导致气蚀及执行元件的爬行等现象，破坏液压系统的稳定性。

油液控制污染的措施有预防与治理两个方面。

从预防的角度讲，设计、制造、清洗、装配、试验、使用各环节都应严格按操作规程执行；从液压元件的制造到系统的安装调试全过程控制污染源。液压系统油箱内壁应酸洗并磷化处理，硬管内壁酸洗，软管切长短时避免用无齿锯，应该使用专用设备，压接头后应及时清洗内壁并安装工艺堵；保持作业环境的清洁；油箱必须封闭，开式油箱应安装与系统精度对应的空气滤清器；油液循环系统应安装必要的滤油器，尤其是过滤精度符合系统要求的回油滤油器。因为新的油液清洁度也不符合液压系统要求，所以加油时必须通过过滤系统或滤油小车。

新系统调试前，对系统进行冲洗。系统中的油液应该经过 150～300 次过滤。

液压系统在使用过程中，定期检查各滤油器的报警器、空气滤清器，保证及时清洗更换滤芯；并按使用说明书的要求，定期清洗油箱、更换液压油。维护保养时，应先清洁设备主要工作表面，严格按操作规程，避免将污染物混入系统中。

任务 1.2　液压千斤顶液压系统的认知与实践

任务介绍

如图 3-1-15 所示为液压千斤顶的工作原理图，理解图中各部件在液压系统中属于哪个类型的元件，以及所起的作用。进一步掌握液压千斤顶的工作原理，并分析当千斤顶不能正常举升时的维修方法。

相关知识

1．力的传递

如图 3-1-16 所示为力传递示意图简化数学模型，两个直径不同的充满油液的液压缸底部连通。缸内各有一个活塞 1 和 2，如果活塞能在缸内无摩擦地滑动，则活塞的自重忽略不计。要想阻止重物 W 下降，必须在活塞 1 上施加一个力 F。当活塞 1 在力 F 的力作用下向下匀速运动时，重物 W 将随之上升。这说明密封容器中的液体不但可以传递力，还可以传递运动。

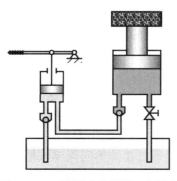

图 3-1-15　液压千斤顶的工作原理图

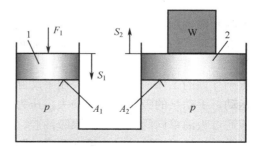

1—小活塞；2—大活塞；A_1—小活塞面积；A_2—大活塞面积；

S_1—小活塞位移；S_2—大活塞位移

图 3-1-16　力传递示意图简化数学模型

当活塞 1 施加作用力 F 时，其对液体产生的压力为 $p_1=\dfrac{F}{A_1}$。

活塞 2 由于重物 W 的作用，其对液体产生的压力为 $p_2=\dfrac{W}{A_2}$。

根据帕斯卡定律，理想液体内某一点的压力等值地传递到液体的各个点上，因此可以得出 $p=\dfrac{F}{A_1}=\dfrac{W}{A_2}$。

$\dfrac{W}{F}=\dfrac{A_2}{A_1}$，即作用力之比等于活塞面积之比。工作压力取决于负载，而与流入的液体多少无关。

在这个系统中，压力 p 取决于作用力 F 和有效面积 A。意味着压力会逐渐升高，直到能克服运动阻力为止。

当作用力 F_1 在有效面积 A_1 上产生的压力能克服负载 W 所需压力（通过面积 A_2）时，就可将负载 W 抬升。

当匀速地向下按动活塞 1 使其移动 S_1 时，根据质量守恒定律，则 1 缸内被挤出的液体的体积为 A_1S_1。在不考虑泄漏和液体的可压缩性的情况下，这部分被挤出的液体等值地进入 2 缸，使活塞 2 上升 S_2。由此可以得出：$A_1 \cdot S_1=A_2 \cdot S_2$，即 $\dfrac{S_1}{S_2}=\dfrac{A_2}{A_1}$，活塞位移与活塞面积成反比。

假设这些动作在 t 秒内完成，则 $A_1 \cdot \dfrac{S_1}{t}=A_2 \cdot \dfrac{S_2}{t}$，即 $A_1 \cdot v_1=A_2 \cdot v_2$，$\dfrac{v_1}{v_2}=\dfrac{A_2}{A_1}$。这在流体力学中被称为流量的连续性方程，即 $Q=A_1 \cdot v_1=A_2 \cdot v_2$。活塞的运动速度取决于进入液压缸的流量，而与液体压力大小无关。

根据能量守恒定律，有 $F \cdot v_1=W \cdot v_2$，即输入功率等于输出功率，即 $N=p_1 \cdot A_1 \cdot v_1=p_2 \cdot A_2 \cdot v_2=p_1 \cdot Q_1=p_2 \cdot Q_2=p \cdot Q$。液压系统的功率等于压力乘以流量，所以说压力 p 和流量 Q 是液压传动中的两个重要参数。p 相当于机械传动中的力，Q 相当于机械传动中的速度。

2. 液压千斤顶的工作原理

如图 3-1-15 所示为液压千斤顶的工作原理图，主要由手动泵、吸油单向阀、排油单向阀、举升液压缸、手动回油阀、油箱和手动杠杆等组成。

手动泵属于动力元件，将手动杠杆输入的机械能转换为液压能。两个单向阀和手动回油阀属于控制元件，两个单向阀的作用是防止吸油腔、排油腔沟通；手动回油阀的作用是当需要将重物放下时，使举升缸中的油液流回油箱。油箱的作用除存储油液外，还可以净化和冷却油液等。

液压千斤顶的工作原理：首先关闭手动回油阀；当手动杠杆向上抬起时，带动手动泵活塞向上运动，手动泵的吸油腔容积增大，压力下降，即小于一个大气压。这时大气压将油箱中的油液通过吸油单向阀压入手动泵吸油腔，因为排油单向阀的存在，举升缸中的油液不会回流。当手动杠杆向下运动时，手动泵吸油腔的容积减小，其内部压力上升，高于一个大气压，这时油液在吸油单向阀作用下，不能回流油箱，只能通过排油单向阀排入举升缸无杆腔。如此循环往复，负载会因为举升缸无杆腔油液不断增加而升高。当完成任务后，开启手动阀，

举升缸无杆腔的油液在负载的作用下，回流至油箱，完成一个完整的工作循环。

液压千斤顶的省力环节一个是杠杆，另一个就是小油缸（手动泵）驱动大油缸（举升缸）。因为系统没有过载阀，所以在使用过程中应该注意不能超载。显然，要想保证液压千斤顶正常工作，首先油液要满足要求（清洁度和油量），其次一定要关闭手动阀，再次就是吸油单向阀和排油单向阀的密封要可靠，小油缸和大油缸的活塞密封要可靠。当系统不能正常工作时，按照上述思路，由简到繁，基本可以达到修复液压千斤顶的目的。

通过学习液压千斤顶的工作原理，可以了解液压系统吸油管路的工作压力小于一个大气压，所以要保证液压泵正常工作，满足泵的吸油要求，布置液压系统吸油管路应该注意：油液流速一般小于 1 m/s。流速过快，会造成压力损失过大，影响泵正常吸油，吸油噪声会很大。同时，吸油管路尽量短，弯头数量尽量少，有条件时，最好将泵装置布置在油箱下面，利于泵的吸油。

拓展练习 2

如图 3-1-15 所示，已知手动泵（小活塞）直径为 10 mm，行程为 20 mm，举升缸（大活塞）直径为 50 mm，重物为 5 吨，杠杆增力比为 200，问：

（1）杠杆端施加多大的力，才能举起重物？

（2）此时密封容积中的液体压力是多少？

（3）杠杆上下动一次，重物上升多少距离？

项目 2　液压泵的认知与实践

教学导航

知识重点	了解液压泵的概念、液压泵的分类、液压泵的主要参数；掌握齿轮泵、限压式单作用叶片泵、斜盘式轴向柱塞泵的结构、工作原理
知识难点	液压泵的结构和工作原理
技能重点	通过学习液压泵的结构和工作原理，能判断每种液压泵的旋向和吸排油口；能了解液压泵的使用注意事项、故障现象和判断方法
技能难点	液压泵的故障判断
推荐教学方式	从工作任务入手，通过对液压泵的介绍，使学生了解液压泵的结构和工作原理；通过对各种液压泵的拆装，了解液压泵的特点、使用注意事项及故障现象
推荐学习方法	通过结构图，从理论上认识液压泵；通过观察实物剖面模型，从感性上了解液压泵；通过对液压泵的拆装，真正掌握所学知识与技能
建议学时	8 学时

任务 2.1　齿轮泵的认知与实践

任务介绍

了解常见液压泵的基本结构及工作原理；了解常见齿轮泵的结构特点；熟练使用拆装工具，了解齿轮泵拆装方法，能正确拆装常见齿轮泵；了解齿轮泵常见故障及排除方法。

相关知识

液压泵是动力元件，是将机械能转换成液压能的装置，它向系统提供一定压力和流量的液体，是液压系统的能源。

液压泵的分类：按液压泵中运动构件的形状和运动方式来分，有齿轮泵、叶片泵、柱塞泵和螺杆泵等。按其排量能否调节来分，有定量泵和变量泵。液压泵的职能符号如表 3-2-1 所示。

表 3-2-1　液压泵的职能符号量泵和变量泵。

定　量　泵		变　量　泵	
单向定量泵	双向定量泵	单向变量泵	双向变量泵

1．容积式液压泵的特征与工作原理

液压传动中的所有泵都是靠密封容积的变化进行工作的，所以都属于容积式液压泵。

1）容积式液压泵具有以下两个特征

一是具有周期性变化的密封容腔，密封容腔由小变大时吸油，由大变小时压油。

二是密封容腔由小变大时只与吸油管接通；密封容腔由大变小时只与压油管相通。

2）容积式液压泵的工作原理

如图 3-2-1 所示，当柱塞向左运动时，密封容腔增大，密封容腔出现局部真空，油箱中的油液在液面大气压的作用下从吸油管进入密封容腔，即完成泵的吸油。当柱塞向右运动时，密封容腔减小，密封容腔中的油液受压，通过排油管将油液排到液压泵的出口进入液压系统，而此时液压泵的输出压力取决于外界负载。

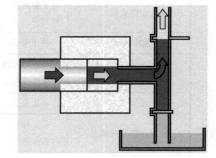

图 3-2-1　容积式泵的工作原理图

2．外啮合齿轮泵的结构和工作原理

1）外啮合齿轮泵的结构

结构：主要有主动齿轮、被动齿轮、泵体、传动轴、前后端盖、轴承套、密封圈等，如图 3-2-2 所示。

2）外啮合齿轮泵的工作原理

密封容腔：由泵体、轴承套（侧板）和两对齿轮的啮合部位组成。

工作原理：当一对齿轮脱离啮合时，密封容腔由小变大，吸油；当一对齿轮进入啮合时，密封容腔由大变小，压油；当齿轮不断旋转时，齿轮泵就不间断地吸油和压油。齿轮啮合线、齿轮齿顶与泵体内孔、齿轮端面与轴套端面将吸油区和压油区隔开。

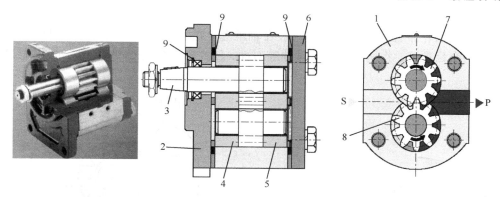

1—泵体；2—前端盖；3—传动轴；4，5—轴承套；6—后端盖；7—主动齿轮；8—被动齿轮；9—密封圈

图 3-2-2　外啮合齿轮泵结构示意图

3）外啮合齿轮泵存在的几个问题

（1）内泄漏：泄漏直接影响齿轮泵的容积效率，其泄漏途径有以下三种。

① 轴向泄漏：由齿轮的端面和轴承套（轴承）端面之间的间隙造成的，占总泄漏量的80%以上。

② 径向泄漏：由齿顶与壳体内表面之间的间隙造成的，占总泄漏量的15%。

③ 啮合线泄漏：由两个齿轮互相啮合部位的间隙造成的，占总泄漏量的5%。

由上述分析可知，轴向泄漏所占比例最大，因此，要想提高齿轮泵的容积效率，必须设法减小端面间隙的泄漏。

改善轴向泄漏的方法：采用端面间隙自动补偿，如图 3-2-3 所示，两个齿轮互相啮合的齿轮支承在前后轴承 1 的轴承里，轴承套 1 可在壳体内做轴向浮动。从压油腔引至轴承套外端面 2 的油液，作用在有一定形状和大小的面积 4 上，此力把轴承套压向齿轮端面 3，从而减小了端面间隙。

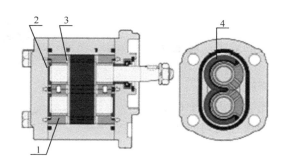

1—轴承套；2—轴承套外端面；3—齿轮端面；4—压力油作用面积

图 3-2-3　轴向间隙补偿原理图

齿轮泵工作压力越高，轴向间隙补偿的力就越大，从而改善了齿轮泵轴向间隙泄漏。

（2）径向不平衡力。

泵内压力腔的油液经过径向间隙逐渐渗漏到吸油腔，其压力逐渐减小，如图 3-2-4 所示，液压力作用在齿轮上的合力由轴承来承受，因而影响了轴承的寿命，往往成为提高泵工作压力的限制因素。

为了改善齿轮泵径向不平衡力，一般在轴承套上进行加工，沿圆周方向引压力油至距离吸油口两个齿顶处。将压力油引到排油腔对面，使径向力自己平衡掉一部分，如图 3-2-5 所示。

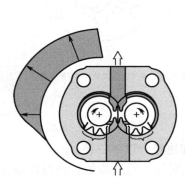

图 3-2-4 径向力的分布示意图

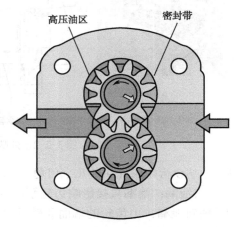

图 3-2-5 径向力的改善措施示意图

尽管采取了齿轮泵径向不平衡力改善措施，但因为工压压力较高，轴径较小，所以在齿轮泵工作时，径向不平衡力仍然会使齿轮轴变形。因为变形，齿轮齿顶会在壳体内表面切出痕迹，这种现象在齿轮泵生产中称为"扫腔"。

因为齿轮泵存在径向不平衡力，所以当齿轮泵超载工作时，齿轮轴变形量加大，往往会造成断轴等损坏现象。

（3）流量脉动。

随着啮合点位置的不断变化，齿轮泵吸、压油腔在每一瞬间的容积变化率是不均匀的，因此齿轮泵的瞬时流量是脉动的。齿数越多，脉动越小。流量脉动的危害：流量脉动越大，噪声就越大。

（4）困油现象及消除措施。

困油现象：为了使齿轮泵的齿轮平稳啮合运转，吸、压油腔严格密封且均匀而连续地供油，必须使齿轮的啮合重叠系数 $\xi > 1$，即在一对齿轮完全脱离啮合之前后面的一对齿轮已经进入啮合。这样两对齿轮之间形成了封闭容腔，称之为闭死容积。如图 3-2-6 所示，在齿轮旋转的过程中，该闭死容积的大小是不断变化的。由图（a）旋转到图（b）所示位置时，闭死容积由大变小；由图（b）旋转到图（c）所示位置时，闭死容积从小变

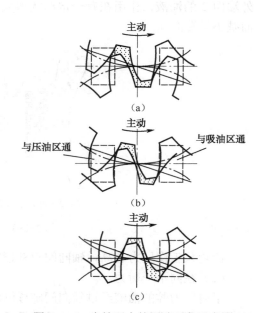

图 3-2-6 齿轮泵中的困油现象示意图

大。这种现象称为困油现象。

如图 3-2-7 所示，当两个啮合齿轮同时出现两个啮合点时，两啮合点之间的区域油液存在困油现象。

消除措施：如图 3-2-7 所示，在轴承套两侧上开卸荷槽。当闭死容积由大变小时，使其借助卸荷槽与压油腔相通。当闭死容积由小变大时，使其借助卸荷槽与吸油腔相通。

3．齿轮泵的拆装实践练习

通过拆装进一步掌握齿轮泵的结构及其工作原理，了解齿轮泵故障现象及排除方法。

根据齿轮泵实际结构，能够判断吸、排油口。根据吸、排油口可判断齿轮泵的旋向。如图 3-2-8 所示，一般单向泵吸油口大，排油口小，因为吸油工作压力低，允许流速慢；排油口工作压力高，允许流速快。

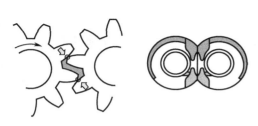

图 3-2-7　齿轮泵困油现象及消除措施示意图　　图 3-2-8　齿轮泵吸、排油口大小及旋转方向示意图

根据工作原理判断齿轮泵的旋向。从泵的传动轴方向看，顺时针旋转的为右旋泵，反之为左旋泵。

单向泵不允许反向旋转，反向旋转会损坏液压泵。

根据齿轮泵存在的 4 个问题，依次找出其在相关零部件上的改善或解决措施。

齿轮泵安装使用时应该注意以下几点：

因为齿轮泵轴承为滑动轴承，而且精度配合要求很高，所以齿轮泵不能承受径向力，不然会很快损坏。齿轮泵应通过挠性联轴器直接与电动机连接，一般不可刚性连接或通过齿轮副及皮带轮机构与动力源连接，由主动齿轮承受径向力，容易造成齿轮泵泵轴弯曲、单边磨损和泵轴油封失效。

限制齿轮泵的极限转速。转速不能过高或过低。转速过高，产生吸空现象，产生振动和噪声；转速过低，不能使泵形成必要的真空度，造成吸油不畅。目前国产齿轮泵的驱动转速一般在 800～2 500 rpm 的范围内，详见齿轮泵使用说明书。

教学拆装用齿轮泵，在拆装过程中应该避免任何敲击等不规范做法，不能正常装配时，应该找出具体原因，一般是有毛刺了，去刺后再装配。这条原则适合各种液压泵的拆装（当液压泵有滚动轴承时，需要用紫铜棒敲击）。

齿轮泵常见故障、产生原因及排除方法见表 3-2-2。需要指出的是，因为齿轮泵零部件加工精度很高，所以非专业人员不应该随意拆装正常工作的齿轮泵。因为齿轮泵价格相对较便宜，所以齿轮泵出现故障时，一般采用更换新泵的方法。

表 3-2-2　齿轮泵常见故障、产生原因及排除方法

故　障	产 生 原 因	排 除 方 法
不吸油、输油不足、压力提不高	1. 电动机转向错误。 2. 吸入管道或滤油器堵塞。 3. 轴向间隙或径向间隙过大。 4. 各连接处泄漏，有空气混入。 5. 油液黏度太大或油液温升太高	1. 纠正电动机旋转方向。 2. 疏通管道，清洗滤油器，换新油。 3. 更换新泵。 4. 紧固各连接管路，避免泄漏，防止空气混入。 5. 油液应根据温升变化选用
噪声严重、压力波动大	1. 油管及滤油器部分堵塞或吸油管入口处滤油器容量小。 2. 从吸入管或轴密封处吸入空气或者油中有气泡。 3. 泵轴与联轴器同轴度超差或擦伤。 4. 油液黏度太大或温升太高	1. 除去脏物，使吸油管畅通，或改用容量合适的滤油器。 2. 紧固各连接管路，避免泄漏，防止空气混入。 3. 调整同轴度。 4. 应根据温升变化选用油液
液压泵旋转不灵活或咬死	1. 油泵装配不良，泵和电动机的联轴器同轴度不好。 2. 油液中杂质被吸入泵体内	1. 根据油泵技术要求重新装配。 2. 保持油液洁净

液压泵装配不当会影响其工作性能和降低寿命，因此在安装时应做到以下几点：

（1）确保装配关系正确。

（2）因为液压泵一些精度高的零件是分组装配的，所以每个液压泵零件不能互换。

（3）一般不允许任何敲击等，有毛刺时应去刺后再装配。

（4）要拧紧连接螺钉，并注意拧紧顺序；密封装置要可靠，以免引起吸空、漏油，影响泵的工作性能。

拆装前的准备工作：

（1）分析原理，弄清待拆装齿轮泵的结构与工作原理。

（2）准备拆装所需工具、量具、刀具等。

（3）确定正确的拆卸顺序（按照由外及里、由上到下的原则）及安装步骤（与拆卸顺序相反）。

拆卸：用各种拆卸工具按照一定的顺序进行拆卸，注意事项如下。

（1）对于因别劲而拆不下来的零件，严禁用力敲打，尽量用静力拆卸。

（2）对于各配合件应记清序号，尽量保持原件相配合，以免安装后精度降低。

（3）对于各零件，应妥善保存。

观察：结合工作原理仔细观察，弄清其内部结构。

上述装配要求适合齿轮泵、叶片泵、柱塞泵。

任务 2.2　叶片泵的认知与实践

任务介绍

了解叶片泵的分类，常见叶片泵的结构特点；熟练使用拆装工具，了解叶片泵拆装方法，能正确拆装限压式单作用叶片泵；了解叶片泵常见故障及排除方法。

相关知识

1. 叶片泵的分类

叶片泵根据每转作用次数的不同，可分为双作用式和单作用式两大类。

2. 限压式单作用叶片泵的结构和工作原理

1）限压式单作用叶片泵的结构及特点

结构：主要由叶片、转子、定子、配流盘、泵体和流量、噪声、压力调节螺钉等组成，如图3-2-9所示。

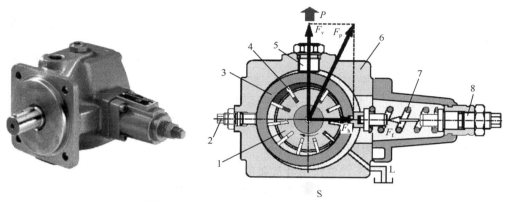

1—转子；2—流量调节螺钉；3—定子环；4—叶片；5—噪声调节螺钉；6—泵体；
7—弹簧；8—压力调节螺钉；S—吸油口；P—压油口；L—漏油口

图3-2-9 限压式单作用叶片泵的结构图

密封容腔：两叶片之间、转子的外表面及定子的内表面所形成的容腔。

配流装置：具有两个月牙形的配流窗口。

结构特点：定子和转子是偏心布置的，转子的中心是固定的，定子的中心是可变的；定子的内表面形状是圆环；配油盘上开有两个月牙形窗口。

2）限压式单作用叶片泵的工作原理

限压式单作用叶片泵的工作原理如图3-2-9所示，当传动轴带动转子旋转时，叶片在离心力的作用下甩出，同时叶片根部也受来自相应工作口油液的作用，将叶片紧贴在定子的内表面上。当转子顺时针转动时，下部区域的密封容腔不断扩大，形成局部真空，油液在大气压力的作用下，自泵的进口进入配流盘的吸油窗口来填充扩大了的密封容腔，这就是泵的吸油过程。与此同时，处在上部区域的密封容腔不断减小，受压的油液经压油窗口流向泵的出口，这就是泵的排油过程。由于压力 P 同时作用在定子环的内表面上，产生的液压力合力为 F_p，此力可以分解为水平分力 F_h 和一个垂直分力 F_v，垂直分力的作用是将定子环顶在螺钉5上，水平分力的方向正好和定子环外侧的弹簧力 F_f 的方向相反。当系统压力较低，即水平分力 F_h 小于弹簧力 F_f 时，定子环在弹簧力的作用下将定子顶在螺钉2上，此时转子和定子的偏心距最大，泵的流量也是最大的。随着系统压力的增加，水平分力也在增加，当水平分力大于弹簧力时，定子环在压力差的作用下水平向右移动，偏心距减小，泵的输出流量减小。

当泵的压力达到某一数值时，偏心距减小到某一数值时，泵的输出流量和补偿泵的内泄漏所需流量相等，此时泵的实际输出流量为零，此后不管外界负载再怎样加大，泵的输出压力不再升高。限压式单作用叶片泵的特性曲线如图3-2-10所示。

由于转子转一周，每个密封容腔都完成一次吸油和一次排油，因此称为单作用式。

限压式单作用叶片泵转子及轴承受到径向不平衡力，它随着泵的工作压力提高而提高，所以此类泵的工作压力不能太高。

流量调节螺钉 2：调节流量调节螺钉 2，可以调节定子的位置，即调节偏心距的大小，从而调节最大输出排量。

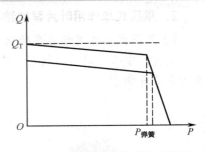

图 3-2-10　限压式单作用叶片泵的特性曲线

噪声调节螺钉 5：调节噪声调节螺钉 5，即调节定子环和转子是否在同一水平线上，通过听泵的噪声来判断。

压力调节螺钉 8：调节压力调节螺钉 8，可以调节系统的最高工作压力。

3. 限压式单作用叶片泵的拆装实践练习

通过拆装进一步掌握限压式单作用叶片泵的结构及工作原理。根据叶片泵的实际结构，能够判断吸、排油口。根据吸、排油口会判断单作用叶片泵的旋向。

根据齿轮泵存在的 4 个问题的分析思路，结合限压式单作用叶片泵的实际结构，分析限压式单作用叶片泵内泄漏的途径、径向不平衡力的产生原因、困油现象及解决措施。分析为什么其流量比齿轮泵均匀。

限压式单作用叶片泵安装使用时应该注意以下几点：

因为限压式单作用叶片泵轴承为滑动轴承，而且精度配合要求很高，所以限压式单作用叶片泵不能承受径向力，不然会很快损坏。

限压式单作用叶片泵也不能超过其转速范围使用。

限压式单作用叶片泵常见故障及排除方法见表 3-2-3。限压式单作用叶片泵零部件加工精度很高，非专业人员不应该随意拆装正常工作的限压式单作用叶片泵。限压式单作用叶片泵长时间使用出现故障时，一般建议更换新泵。

表 3-2-3　限压式单作用叶片泵常见故障、产生原因及排除方法

故　障	产 生 原 因	排 除 方 法
液压泵吸不上油或无压力	1. 泵的旋转方向不对，泵吸不上油。 2. 液压泵传动键脱落。 3. 进、出油口接反。 4. 油箱内液面过低，吸入管口露出液面。 5. 转速太低，吸力不足。 6. 油液黏度过高使叶片运动不灵活。 7. 油温过低，使油液黏度过高。 8. 系统油液过滤精度低，导致叶片在槽内卡住。 9. 吸入管道或过滤装置堵塞或过滤器过滤精度过高造成吸油不畅。 10. 吸油管道漏气	1. 一般泵上有箭头标记泵的旋转方向，如果旋转方向错了，可改变电动机旋向。 2. 重新安装传动键。 3. 按说明书选用正确接法。 4. 补充油液至最低油标线以上。 5. 转速低，不能形成真空状态。一般叶片泵转速低于 500 rpm 时，吸不上油。 6. 选用推荐黏度的工作油液。 7. 加温至推荐的正常工作温度。 8. 拆洗液压泵并更换油液。 9. 清洗管道或过滤装置，除去堵塞物，更换或过滤油箱内油液，按说明书正确选用滤油器。 10. 检查管道各连接处，排除泄漏环节

故　障	产 生 原 因	排 除 方 法
流量不足，达不到额定值	1. 转速未达到额定转速。 2. 系统中有泄漏。 3. 吸油不充分： （1）油箱内油面过低。 （2）吸入管道堵塞或通径小。 （3）油液黏度过高或过低。 4. 变量泵流量调节不当	1. 按说明书指定额定转速选用电动机转速。 2. 检查系统，排除泄漏环节。 3. 充分吸油 （1）补充油液至最低油标线以上 （2）清洗管道，选用不小于泵入口通径的吸入管 （3）选用推荐黏度的工作油 4. 重新调节至所需流量
压力升不上去	1. 溢流阀调整压力太低或出现故障。 2. 系统中有泄漏。 3. 变量泵压力调节不当	1. 重新调试溢流阀压力或修复溢流阀。 2. 检查系统，排除泄漏环节。 3. 重新调节压力调节螺钉至所需压力
噪声过大	1. 吸入管道漏气。 2. 吸油不充分。 3. 泵轴和电动机轴不同心。 4. 油中有气泡。 5. 泵转速过高。 6. 泵压力过高。 7. 轴密封处漏气	1. 检查各连接处，并予以密封紧固。 2. 同前述排除方法。 3. 重新安装达到说明书要求的精度。 4. 补充油液或采取结构措施，把回油浸入油面以下。 5. 选用推荐转速。 6. 降压至额定压力以下。 7. 更换油封
过度发热	1. 油温过高。 2. 油液黏度太低，内泄过大。 3. 工作压力过高。 4. 回油口直接接到泵入口。 5. 泵的容积效率低下	1. 改善油箱散热条件或增设冷却器，使油温控制在推荐正常工作的油温范围内。 2. 选用推荐黏度的工作油液。 3. 降压至额定压力以下。 4. 回油口接至油箱液面以下。 5. 更换新泵
振动过大	1. 泵轴与电动机轴不同心。 2. 安装螺钉松动。 3. 转速或压力过高。 4. 吸入管道漏气。 5. 吸油不充分。 6. 油中有气泡	1. 重新安装达到说明书要求的精度。 2. 拧紧螺钉。 3. 调整至需要的范围以内。 4. 检查各连接处，并予以密封紧固。 5. 同前述排除方法。 6. 补充油液或采取结构措施，把回油浸入油面以下
外渗漏	1. 密封老化或损伤。 2. 进、出油口连接部位松动。 3. 密封面磕碰	1. 更换密封。 2. 紧固螺钉或管接头。 3. 修磨密封面

4．双作用叶片泵的结构和工作原理

1）双作用叶片泵的结构及特点

结构：主要由叶片、转子、定子、配流盘、泵体、端盖等组成，如图 3-2-11 所示。

密封容腔组成：两叶片之间、转子的外表面及定子的内表面所形成的容腔。

配流装置：具有 4 个月牙形孔的配流窗口。

结构特点：定子和转子是同心放置的；定子的中心是固定的；定子内表面曲线由两段大半径圆弧、两段小半径圆弧和 4 段过渡曲线组成；配油盘上开有 4 个月牙形窗口。

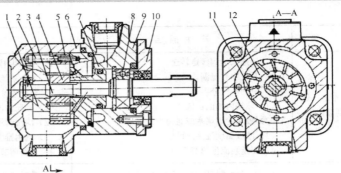

1—左配流盘；2—圆柱销；3—传动轴；4—转子；5—定子；6—左泵体；
7—右配流盘；8—滚珠轴承；9—右泵体；10—端盖；11—叶片；12—转子

图 3-2-11　YB 型双作用叶片泵的结构图

2）双作用叶片泵的工作原理

双作用叶片泵的工作原理如图 3-2-12 所示，当传动轴带动转子旋转时，叶片在离心力的作用下甩出；同时叶片根部也受来自出口的压力油作用，将叶片紧贴在定子的内表面上。当转子逆时针转动时，密封容腔 a 和 c 不断扩大，形成局部真空，油液在大气压力的作用下，自泵的吸油口通过配流盘的两个吸油窗口来填充扩大了的密封容腔 a 和 c，这就是泵的吸油过程。与此同时，密封容腔 b 和 d 不断减小，受压的油液分别经两个压油窗口流向泵的出口，这就是泵的排油过程。

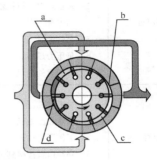

图 3-2-12　双作用叶片泵工作原理图

转子转一周，每个密封容腔都完成两次吸油和两次排油，因此称为双作用式。由于两个吸油窗口和两个压油窗口都是对称布置的，所以作用在转子上的径向液压力是相互平衡的，因此也称为平衡式叶片泵。

双作用叶片泵一般是定量泵。

根据以上叶片泵的介绍，其具有结构紧凑、体积小、重量轻、流量均匀、噪声小、寿命长等优点；但吸入特性不太好，对油液的污染比较敏感，制造工艺要求也比较高。广泛应用在机床、工程机械、船舶、压铸机和冶金设备中。

任务 2.3　柱塞泵的认知与实践

任务介绍

了解柱塞泵的基本结构及工作原理；熟练使用拆装工具，了解柱塞泵拆装方法，能正确拆装常见柱塞泵；了解柱塞泵常见故障及排除方法。

相关知识

1. 柱塞泵的特点

柱塞泵具有结构紧凑，单位功率体积小，重量轻，工作压力高，容易实现变量等优点。

缺点是对油液污染敏感，油液清洁度要求高；对材质和加工精度要求高；使用和维修要求比较严，价格也比较贵。这种泵常用于压力加工机械、起重运输机械、工程机械、冶金机械、火炮和空间技术领域。

2．柱塞泵的分类

依传动轴中心线和柱塞中心线的空间位置关系可分为两类，若传动轴和柱塞的中心线是垂直的，则为径向柱塞泵；若是平行的，则为轴向柱塞泵。

3．斜盘式轴向柱塞泵的结构和工作原理

斜盘式轴向柱塞泵的特点是容积效率高，压力高；柱塞和缸体均为圆柱表面，相对来说易加工，精度高，内泄小；结构紧凑、径向尺寸小，转动惯量小；易于实现变量；结构复杂，成本高；对油液污染敏感。主要应用在高压、高转速的场合。

1）斜盘式轴向柱塞泵的结构

如图 3-2-13 所示，手动变量的斜盘式轴向柱塞泵的结构主要由传动轴、斜盘、柱塞、配流盘、回程盘、滑靴和手动变量机构等组成。

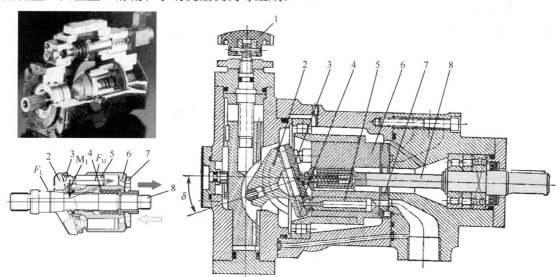

1—变量调节手轮；2—斜盘；3—回程盘；4—中心弹簧；5—柱塞；6—缸体；7—配流盘；8—传动轴；δ—斜盘角度

图 3-2-13　手动变量的斜盘式轴向柱塞泵的典型结构图

密封容腔：柱塞的后端、缸体的内孔和配流盘之间所形成的容腔。

配流装置：有单独的配流盘。

2）斜盘式轴向柱塞泵的工作原理

如图 3-2-14 所示，斜盘的中心线与缸体的中心线的夹角为 δ，斜盘和配流盘固定不转，电动机带动传动轴、缸体及柱塞一起旋转。柱塞底部或缸体内部有弹簧，用以保证柱塞头部始终紧贴在斜盘的端面。当传动轴按图示方向转动时，位于 A-A 剖面左侧的柱塞不断向外伸出，柱塞底部的密封容腔不断扩大，形成局部真空，油液在大气压的作用下，自泵的

进口经配流盘的吸油窗口进入柱塞底部，完成吸油过程。而位于 A—A 剖面右侧的柱塞不断向里缩进，柱塞底部的密封容腔不断缩小，油液受压经配流盘的压油窗口排到泵的出口，完成压油过程。缸体每转一周，每个柱塞吸油和压油各一次。若增大斜盘的倾角 δ，则泵的排量也随之增加。

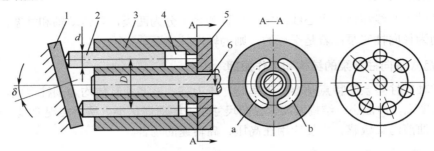

1—斜盘；2—柱塞；3—缸体；4—密封容器；5—配流盘；6—传动轴；δ—斜盘角度；a—吸油窗口；b—压油窗口

图 3-2-14　手动变量的斜盘式轴向柱塞泵的工作原理图

4. 斜盘式轴向柱塞泵的拆装实践练习

通过拆装进一步掌握柱塞泵的结构和工作原理，了解柱塞泵的故障现象及简单排除方法。

根据柱塞泵的实际结构，能够判断吸、排油口。根据吸、排油口会判断齿轮泵旋向。单向泵不允许反向旋转，反向旋转会损坏液压泵。

如图 3-2-15 所示，结合斜盘式轴向柱塞泵的拆装，斜盘式轴向柱塞泵的排量直接与斜盘角度有关。

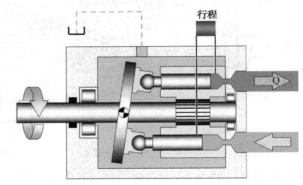

图 3-2-15　斜盘式轴向柱塞泵的工作示意图

斜盘角度可调的为变量泵，斜盘角度不可调的为定量泵。

通过实物可以发现，一般斜盘式轴向柱塞泵的壳体上有不止一个泄油口，用于将柱塞泵内泄漏的油液输送回油箱，一般要求柱塞泵安装时，泄油口位置向上，以便保证柱塞泵壳体内任何时候都充满油液，利于柱塞泵的润滑和冷却。所以，一般柱塞泵首次试车前，其壳体内和吸油管道应该灌满液压油，避免因为没有润滑和冷却损坏柱塞泵。为避免柱塞泵壳体内油液超压，一般需要将泄漏口油液单独接回油箱。

轴向柱塞泵常见故障、产生原因及排除方法如表 3-2-4 所示。

表 3-2-4　轴向柱塞泵常见故障、产生原因及排除方法

故　障	产 生 原 因	排 除 方 法
流量不够	1. 油箱液面过低，滤油器堵塞或阻力太大等。 2. 配油盘或缸体之间接触面磨损。 3. 对于变量泵，变量机构调整不当。 4. 油温太高或太低	1. 检查储油量，把油加至油标规定线，清洗或更换滤芯。 2. 研磨配油盘与缸体的接触面或更换。 3. 正确调整变量机构。 4. 根据温升选用合适的油液或采取降温措施
压力脉动	1. 配油盘与缸体或柱塞与缸体之间磨损，内泄过大。 2. 对于变量泵可能由于变量机构的偏角太小，使流量过小，内漏相对增大，因此不能连续对外供油。 3. 伺服活塞与变量活塞运动不协调，出现偶尔或经常性的脉动	1. 磨平配油盘与缸体的接触面。 2. 适当加大变量机构的偏角，排除内部漏损。 3. 偶尔脉动，多因油脏，可更换新油；经常脉动，可能是配合件损伤，应拆下研修
噪声	1. 泵体内留有空气。 2. 油箱油面过低，吸油管堵塞及阻力大，以及漏气等。 3. 泵和电动机不同心，使泵和传动轴受径向力	1. 排除泵内的空气。 2. 按规定加足油液，疏通进油管，清洗滤芯，紧固进油管连接接头。 3. 重新调整，使电动机与泵同心
发热	1. 内部泄漏过大。 2. 运动件磨损	1. 研修各密封配合面。 2. 修复或更换磨损件
漏损	1. 轴承回转密封圈损坏。 2. 各接合处 O 形密封圈损坏。 3. 配油盘与缸体或柱塞与缸体之间磨损（会引起回油管外漏增加，也会引起高、低腔之间内漏）	1. 检查密封圈及各密封环节，排除内漏。 2. 更换 O 形密封圈。 3. 磨平接触面
泵不能转动（卡死）	滑靴因柱塞卡死或因负载大时启动而引起脱落	更换柱塞滑靴，注意配合公差

5. 径向柱塞泵的结构和工作原理

1）径向柱塞泵的结构

主要由凸轮轴、泵体、单向阀、柱塞等组成，如图 3-2-16 所示。

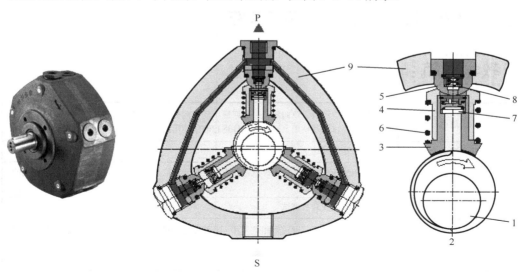

1—传动轴；2—凸轮轴；3—滑靴；4—柱塞；5—球面柱塞；6—弹簧；7、8—单向阀；9—泵体；S—吸油口；P—压油口

图 3-2-16　径向柱塞泵的结构图

密封容腔：两单向阀之间、球面柱塞及滑靴所形成的容腔。

配流装置：单向阀 7、8。

2）径向柱塞泵的工作原理

径向柱塞泵的工作原理如图 3-2-17 所示，当电动机带动凸轮轴顺时针转动时，滑靴向下运动，密封容腔逐渐由小变大（如图 3-2-17 中 1→3 的变化过程所示），形成局部真空，油液在大气压力的作用下自泵的进口通过单向阀 7 来填充扩大了的密封容腔，这就是泵的吸油过程；当凸轮轴由图 3-2-17 中的位置 3 转到位置 4 时，密封容腔逐渐由大变小，受压的油液经单向阀 8 流向泵的出口，这就是泵的排油过程。

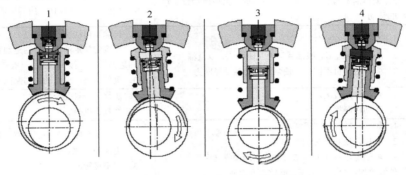

图 3-2-17　径向柱塞泵的工作过程

拓展练习 3

对于同一个工况的液压系统来说，采用定量泵或限压式变量叶片泵做动力元件，系统消耗功率及油液发热有何不同？

项目 3　卷扬机液压系统的认知与实践

教学导航

知识重点	掌握齿轮电动机、单向阀、三位四通手动换向阀、单向节流阀、直动式溢流阀的结构和工作原理，以及使用上述液压元件进行液压应用回路的设计
知识难点	液压回路的设计
技能重点	能识别液压电动机、压力、流量和方向控制元件；能在实验台上进行简单液压系统的安装与调试
技能难点	液压系统的安装与调试
推荐教学方式	从工作任务入手，通过对相关元件——液压电动机、单向阀、换向阀、单向节流阀和直动式溢流阀的分析，使学生了解基本液压元件、液压系统的组成；通过在实验台上搭接回路，掌握液压系统的工作原理及应用
推荐学习方法	通过结构图，从理论上认识液压元件；通过观察实物剖面模型，从感性上了解液压元件；通过动手进行安装、调试，真正掌握所学知识与技能
建议学时	6 学时

任务 3.1　卷扬机液压系统的认知

任务介绍

液压卷扬机采用内藏式硬齿面行星减速机减速，由液压电动机驱动，如图 3-3-1 所示。具有体积小、重量轻、传动平稳、无级调速范围大等特点，适用于提梁机、架桥机等路桥施工设备。

卷扬机转动驱动重物上下运动，当重物下降时，电动机出口接有平衡阀，重物产生的负载力小于平衡阀调定压力，重物下降由电动机反转实现。

通过手动换向阀控制液压电动机的旋转运动，液压电动机控制卷筒旋转带动重物上升或下降，且能在任意位置停止，即液压电动机的正、反转决定重物上升或下降；液压电动机正、反速度均分别可调，转速决定重物运行速度；液压系统压力可调。

图 3-3-1　液压驱动的卷扬机示意图

试设计液压回路并在实验台上进行安装与调试。

相关知识

1. 液压电动机的结构和工作原理及机能符号

液压电动机是将液压能转换为机械能的能量转换装置，可以实现连续的旋转运动。

1）液压电动机的分类

按速度划分：可分为高速和低速液压电动机。通常高速液压电动机的输出扭矩不大，所以又称为高速小扭矩液压电动机；低速电动机的输出扭矩大，又称为低速大扭矩液压电动机。

按结构分：与泵相似，常用的液压电动机有齿轮式、叶片式和柱塞式等。

按排量分：依据排量能否调节，可以分为定量电动机和变量电动机。

表 3-3-1　液压电动机的职能符号

定量电动机		变量电动机	
单向定量电动机	双向定量电动机	单向变量电动机	双向变量电动机

2）外啮合齿轮电动机的结构和工作原理

齿轮电动机结构简单，抗污染能力强，价格低；但是，内部零件磨损后，其轴向间隙增大，容积效率低，低速稳定性差。因此，一般作为高速小扭矩定量电动机，应用于中低压的液压系统中。

如图 3-3-2 所示为外啮合齿轮电动机结构示意图，当油液从进口 5 进入（齿轮啮合左侧深色区域密封容腔变大），另一侧出口 7 接通回油箱（齿轮啮合右侧浅色区域密封容腔变小，排油），在压力油的作用下输出的合力矩推动齿轮 6 带动输出轴 2 顺时针转动，即齿轮电动机顺时针转动。

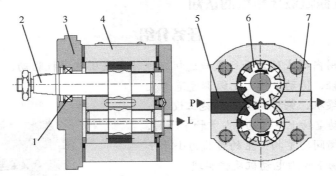

1—轴承；2—输出轴；3—端盖；4—壳体；5—进口；6—齿轮；7—出口

图 3-3-2　外啮合齿轮电动机结构示意图

重要提示：当使用液压电动机时，必须确保泄漏油不带压力地流到油箱里去。也就是说，一定要将液压电动机泄油口与油箱直接连接。

2．单向阀的结构和工作原理及机能符号

1）单向阀的结构

如图 3-3-3 所示，单向阀主要由阀芯、阀体、阀座和弹簧组成。单向阀按阀芯结构分成球阀式和锥阀式两种，球阀式单向阀的结构简单，制造方便，但密封性较差，工作时容易产生振动和噪声，一般用于流量较小的场合；而锥阀式单向阀的结构较复杂，但其导向性和密封性较好，工作平稳，因此目前使用的单向阀大多数为锥阀式。

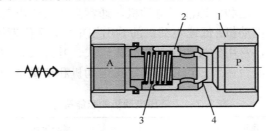

1—阀体；2—锥阀芯；3—弹簧；4—阀座

图 3-3-3　管式单向阀的结构示意图及机能符号

2）单向阀的工作原理

单向阀的工作原理是单向导通，反向截止。如图 3-3-3 所示，当油液从 P 口流入时，克服弹簧 3 的作用力将锥阀芯 2 顶开，油液从 A 口流出；当油液反向流动时（A 进 P 出），锥阀芯 2 在液压力和弹簧力的作用下关闭。

对单向阀的性能要求：导通时压力损失小，而反向截止时密封性能好；动作灵敏；工作时无撞击和噪声。

3．（4/3）三位四通手动换向阀的结构和工作原理及机能符号

通过对齿轮电动机工作原理的分析，了解了要想控制齿轮电动机实现正、反转运动，只需要控制液压油流动方向，即控制液压油分别从齿轮电动机两个油口分别进、出油。实现该功能最简单的控制元件就是（4/3）三位四通手动换向阀。

（4/3）三位四通手动换向阀的工作原理：如图 3-3-4 所示，换向阀为弹簧自动复位式（4/3）三位四通换向阀。用手动操纵杠杆操纵推动阀芯相对阀体移动，从而改变工作位置。要想维持在极端位置，必须用手扳住手柄不放，一旦松开手柄，阀芯会在弹簧力的作用下自动弹回中位。换向阀处于当前位置时，进油口、回油口及工作口各不相通。当驱动手柄向左运动时，阀芯向右移动，进油口 P 和工作口 B 相通，工作口 A 与回油口 T 相通；当驱动手柄向右运动时，接通状况与之相反。

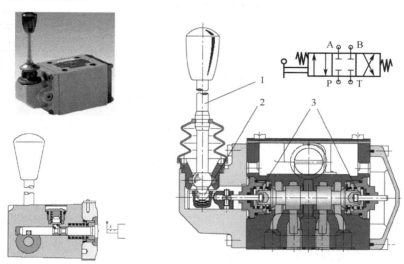

1—手柄；2—操作装置；3—对中复位弹簧

图 3-3-4　（4/3）三位四通手动换向阀结构示意图及机能符号

4．单向节流阀的结构和工作原理及机能符号

如图 3-3-5 所示为单向节流阀结构示意图及机能符号。

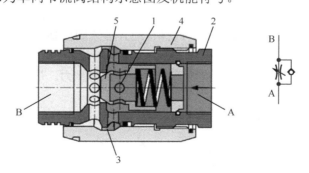

1—通孔；2—节流阀阀芯；3—节流口；4—阀套；5—单向阀阀芯

图 3-3-5　单向节流阀结构示意图及机能符号

工作原理：当油液从 B 口流入时，打开单向阀阀芯 5 并流到 A 口；当油液从 A 口流入时，单向阀阀芯 5 关闭，油液经节流口 3 流到 B 口，流量的大小取决于节流口的开度。

5. 直动式溢流阀的结构和工作原理及机能符号

直动式溢流阀的结构如图 3-3-6 所示。

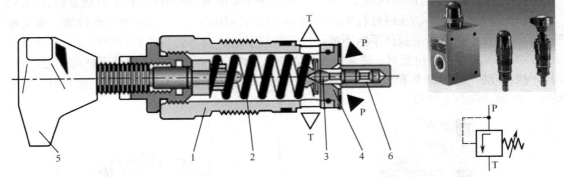

1—阀体阀套；2—调压弹簧；3—带缓冲滑阀的锥阀芯；4—阀座；5—调节手轮；6—阻尼孔

图 3-3-6　直动式溢流阀结构示意图及机能符号

直动式溢流阀的工作原理：如图 3-3-6 所示，通过调节手轮 5 可调节弹簧力的大小，从而可设定系统压力。当压力油 P 作用在锥阀芯 3 的液压力小于弹簧力时，调压弹簧 2 将锥阀芯 3 压在阀座 4 上，调压锥阀芯 3 关闭，进油口 P 和回油口 T 不通；随着系统压力的升高，当作用在锥阀芯 3 上的液压力大于弹簧力时，锥阀芯 3 打开，压力油从进油口 P 流向回油口 T。

阻尼孔 6 的作用：对锥阀芯的运动形成阻尼，从而可避免锥阀芯产生振动，提高阀的工作平稳性。

任务 3.2　卷扬机液压系统的实践练习

1. 卷扬机液压系统设计

了解了液压执行元件、方向控制元件、压力控制元件、流量控制元件，如何设计卷扬机液压系统呢？

由前面学习已知液压系统是由动力元件、执行元件、控制元件和辅助元件、传递介质等组成的，因此，要完成此系统，首先需要适合卷扬机工况要求的液压源。其次根据任务要求选择适合卷扬机工况要求的液压电动机，选择直动式溢流阀控制系统压力；选择（4/3）三位四通手动换向阀控制液压电动机的旋向；选择两个单向节流阀控制液压电动机正、反转速度；选择直动式溢流阀作为平衡阀，用于重物下降时平衡重物重力。最后通过管路等辅助元件将系统组成封闭系统。

2. 卷扬机液压系统任务实践

1）卷扬机液压系统实验练习所需元件（见表 3-3-2）

表 3-3-2　元件清单

元件号	数量	说　明	机　能　符　号
01	1	直动式溢流阀	

续表

元件号	数量	说　明	机能符号
02	1	(4/3)三位四通手动换向阀	
03	1	直动式溢流阀	
04	1	单向阀	
05	1	单向节流阀	
06	1	单向节流阀	
07	1	齿轮电动机	
		附件（软管、四通等）	

2）卷扬机液压系统建议在实验底板上元件的安装位置

01 直动式溢流阀安装于泵出口阀块上，其余元件如图 3-3-7 所示。

3）卷扬机液压系统分析（见图 3-3-8）

在图 3-3-8 中：

（1）因为采用了中位机能 O 形（4/3）三位四通手动换向阀控制液压电动机，所以在系统初始位置，即换向阀没换向时，液压电动机静止不动。

（2）注意，液压电动机有漏油口，一定要与油箱接通，不然会损坏液压电动机。

（3）直动式溢流阀 01 用于调节液压系统的压力。

（4）（4/3）三位四通手动换向阀 02 用于控制液压电动机正、反转及停止。

（5）直动式溢流阀 03 起平衡阀的作用，防止卷扬机液压电动机因为重物作用自行旋转。可使液压电动机下降速度处于可控状态。

（6）单向阀 04 用于卷扬机重物上升时油液流动通道。

（7）单向节流阀 05 控制卷扬机液压电动机的上升速度。

（8）单向节流阀 06 控制卷扬机液压电动机的下降速度。

（9）本项目实际操作时，直动式溢流阀 01 的调整压力一定要高于直动式溢流阀 03 的调整压力，这样整个系统才能正常工作。

（10）在实际液压系统中，平衡阀一般不能简单用溢流阀替代。

实践练习结论：

　　液压电动机将液压能转换成**转矩**和**转速**。液压电动机的**转动方向**取决于油液的**流动方**

向。液压电动机的转速是由输入电动机的**流量**和电动机**排量**（液压电动机每转一转所需要输入的体积）决定的。

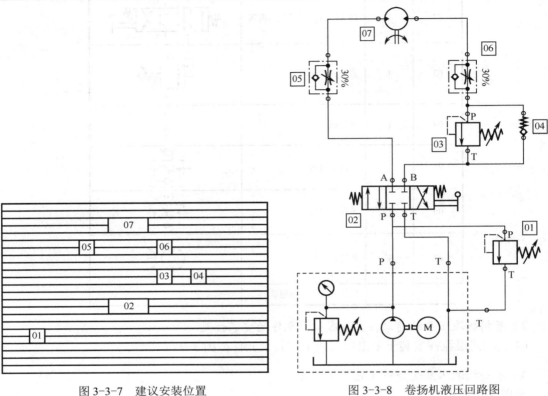

图 3-3-7　建议安装位置　　　　图 3-3-8　卷扬机液压回路图

模块 4

电气液压技术

模块内容构成

内　　容	建议学时
项目 1：压力机电气液压系统的认知与实践	8
项目 2：闸门启闭装置电气液压系统的认知与实践	8
项目 3：仓库升降平台电气液压系统的认知与实践	8
项目 4：组合机床动力滑台电气液压系统的认知与实践	8
学时小计	32

项目 1　压力机电气液压系统的认知与实践

教学导航

知识重点	了解双作用液压缸的结构、工作原理和液压缸的缓冲；了解（4/2）二位四通电磁换向阀和压力继电器的结构、工作原理及应用工况；掌握二位换向阀用于控制液压缸换向时的特点，实现单循环、连续循环的不同方法（压力继电器、接近开关等），调节液压缸伸出速度的不同方法，构造电气液压回路的简单过程等；掌握电气液压初步知识
知识难点	液压控制回路、继电器控制电路的设计
技能重点	能识别双作用液压缸、压力和方向控制元件；能在实验台上进行简单的电气液压系统的安装与调试
技能难点	电气液压系统的调试
推荐教学方式	从工作任务入手，通过对相关液压和电气元件——双作用液压缸、二位电磁换向阀、继电器和接近开关等的分析，使学生了解基本液压元件的应用场合和控制电路的设计方法；通过在实验台上搭接回路，掌握电气液压系统的安装和诊断排除故障的方法
推荐学习方法	通过结构图，从理论上认识液压元件；通过观察实物剖面模型，从感性上了解液压元件；通过动手进行安装、调试，真正掌握所学知识与技能
建议学时	8 学时

任务 1.1　压力机电气液压系统的认知

任务介绍

在工厂生产实践中，通常用液压压力机来进行辅助装配。例如，将过盈配合的轴承压入壳体孔中。采用液压系统控制的优点是：体积小，输出力大；液压系统的负载刚性大；安全可靠性好，可以安全、可靠、快速地实现频繁的带载启动和制动，如图 4-1-1 所示。

图 4-1-1　压力机示意图

相关知识

1. 双作用液压缸

1）双作用液压缸的结构和工作原理及机能符号

如图 4-1-2 所示，单活塞杆液压缸只有一端有活塞杆，当无杆腔（右端）进油，有杆腔

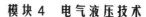
（左端）出油时，液压缸的活塞杆伸出，反之活塞杆退回。液压缸左右两端的进、出油口都可以通压力油或回油，以实现双向运动，故称为双作用液压缸。

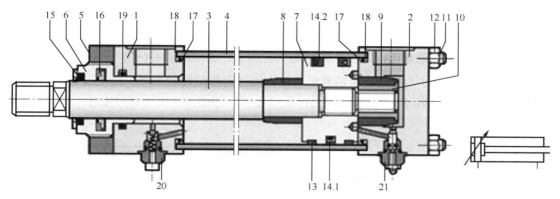

1、2—前、后端盖；3—活塞杆；4—缸筒；5—压盖；6—导向套；7—活塞；8、9—缓冲柱塞；10—螺纹衬套；11—螺栓；12—螺母；13—支撑环；14—活塞密封；15—防尘圈；16—活塞杆密封；17、19—O形密封圈；18—支撑环；20—单向阀；21—节流阀

图 4-1-2　单活塞杆液压缸的结构示意图和机能符号

2）液压缸缓冲装置的结构和工作原理

如图 4-1-3 所示为液压缸缓冲装置的结构示意图。为了避免活塞在行程两端撞击缸盖产生噪声，影响工作精度，损坏机件，常在液压缸两端设置缓冲装置。当缓冲柱塞进入缓冲腔时，液压油必须经节流通道从节流阀排出。由于节流阀是可调的，所以缓冲作用也是可调的。压力油经单向阀作用在整个活塞面积上，推动液压缸的活塞杆伸出。

3）排气装置的结构和工作原理

如图 4-1-4 所示，在液压系统首次使用时或停止工作一段时间后，液压系统中会有空气

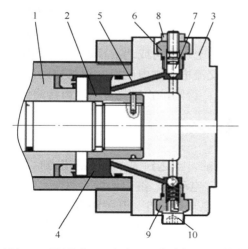

1—活塞；2—缓冲柱塞；3—缸底；4—液压油；5—阻尼通道；
6—节流阀阀套；7—节流阀；8—锁母；9—单向阀；10—排气阀

图 4-1-3　液压缸缓冲装置的结构示意图

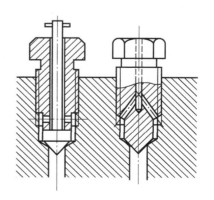

图 4-1-4　液压缸的放气螺塞

渗入，油液中也会混有空气。由于气体有很大的可压缩性，会使液压缸产生爬行、噪声和发热等一系列不良现象。因此，在设计液压缸时，要保证能及时排除留在缸内的气体。一般利用空气较轻的特点，在液压缸的最高处设置进、出油口以便把气体带走。如不能在最高处设置油口，则可在最高处设置放气孔或专门的放气阀等排气装置。

2．（4/2）二位四通单电控电磁换向阀的结构和工作原理及机能符号

如图 4-1-5 所示为（4/2）二位四通单电控电磁换向阀结构示意图，当电磁铁不带电时，阀芯被弹簧力推向左端，P 口与 A 口相通，B 口与 T 口相通；当电磁铁带电时，阀芯在电磁力的推动下右移，P 口与 B 口相通，A 口与 T 口相通。

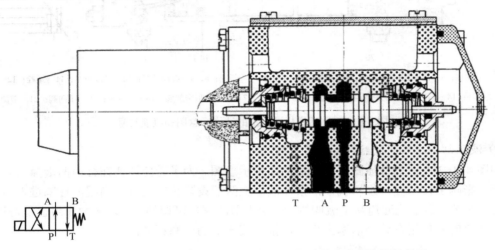

图 4-1-5　（4/2）二位四通单电控电磁换向阀结构示意图和机能符号

注意：（2/2）二位二通电磁换向阀、（3/2）二位三通电磁换向阀一般可以用（4/2）二位四通电磁换向阀替代，将不需要的油口封闭即可。但是这样使用的前提是，电磁换向阀额定工作压力小于等于该阀 T 口的耐压，否则 T 口要与回油口接通，才能保证电磁换向阀正常工作。T 口耐压在换向阀样本上可查到。例如，博世力士乐公司或北京华德公司的电磁换向阀，一般直流电磁铁电磁换向阀 T 口耐压为 21 MPa，交流电磁铁电磁换向阀 T 口耐压 16 MPa，当电磁换向阀工作压力低于此压力时，T 口可封闭；否则，T 口要与回油口接通做卸油口，保证电磁换向阀正常工作。

3．压力继电器的结构和工作原理及机能符号

压力继电器是利用液体的压力来启闭电气触点的，当达到预先调节的压力时，它将电路接通或断开，发出电信号，使电气元件（如电磁铁、电动机、继电器等）动作，使油路卸压、换向，执行元件实现顺序动作等，因此它是一个液电转换元件。开关触点不直接接触所监控的介质，如水、油等，通过压力变化使传感元件（膜片、波纹管、弹簧管、波尔顿管、柱塞）产生偏移，借此操纵开关顶杆。因此，压力继电器结构有柱塞式、膜片式、弹簧管式和波纹管式 4 种形式。

如图 4-1-6 所示为 HED8 型柱塞式压力继电器结构示意图及机能符号。当受监测的压力低于设定值时，微动开关 5 不动作。受监测的压力油经过阻尼孔 7 作用于阀芯 2 上，阀芯 2

右端由弹簧座 6 支撑，阀芯 2 作用于弹簧座 6 的力与无级可调的弹簧力相平衡。弹簧座 6 把阀芯 2 的运动传递给微动开关 5，当达到设定压力时微动开关 5 动作，驱动其触点闭合或断开。弹簧座 6 的机械结构在压力突然降低时保护微动开关 5 免受损害，同时在压力过高时防止弹簧 3 被压坏。

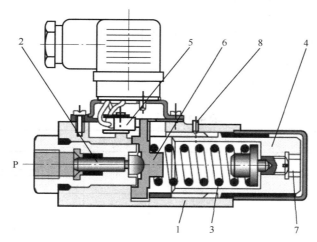

1—阀体；2—阀芯；3—弹簧；4—调节元件；5—微动开关；6—弹簧座；7—阻尼孔

图 4-1-6　HED8 型柱塞式压力继电器结构示意图及机能符号

带指示灯的压力继电器接线图和电路图如图 4-1-7 所示。当给压力继电器接通 24V 直流电源后，绿色指示灯（ge 灯）亮；当系统压力达到压力继电器的设定压力时，绿色指示灯（ge 灯）灭，同时橙色指示灯（gn 灯）亮，图 4-1-7（b）中的继电器吸合。

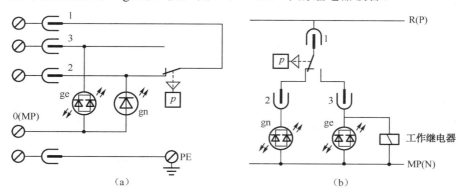

图 4-1-7　带指示灯的压力继电器接线图和电路图

任务 1.2　压力机电气液压系统的实践练习

1. 压力机电气液压系统设计

了解了双作用液压缸、二位电磁换向阀、压力继电器和继电器控制电路的相关知识，如何用单电控二位阀来控制压力机液压系统呢？

动作要求：

（1）利用电气液压控制实现压力机的升降。

（2）压力机下降速度可调。

（3）该系统的最高工作压力不超过 40 bar。

控制要求：

（1）液压缸满足初始位 B1 且按下按钮开关 S1 时，液压缸伸出达到 35 bar 压力，然后液压缸缩回，实现压力机的一个工作循环（单循环）。

（2）当按下急停开关 S4 时，液压缸立刻回至初始位置。

2．压力机电气液压系统任务实践

1）压力机电气液压系统实验练习所需元件（见表 4-1-1）

表 4-1-1　元件清单

序　　号	元 件 名 称	数　　量	机 能 符 号
04	双作用液压缸	1	
03	单向节流阀	1	
02	（4/2）二位四通单电控电磁换向阀	1	
06	压力继电器	1	
01	溢流阀	1	
05	压力表	2	
	油管	若干	
B1	感性传感器	2	
	开关、中间继电器	4	

2）压力机电气液压系统液压回路分析（见图 4-1-8）

在图 4-1-8 中：

（1）双作用液压缸（04）活塞杆的初始位置为缩回状态。按动按钮 S1 后，活塞杆应伸出。

（2）单向节流阀（03）控制液压缸的伸出速度。

（3）液压缸的初始位置由 B1 位置的感性传感器来检测。

（4）电磁换向阀（02）控制液压缸的运动方向，且使液压缸的初始位置为退回状态。

（5）液压泵站提供液压系统所需的压力油。

（6）压力开关用来检测液压缸无杆腔压力，并将压力信号转换为电信号。

（7）溢流阀（01）调节系统工作压力。

（8）压力表（05）显示系统工作压力。

3）压力机电气液压系统电气回路分析（供参考）

单循环电路图如图 4-1-9 所示。

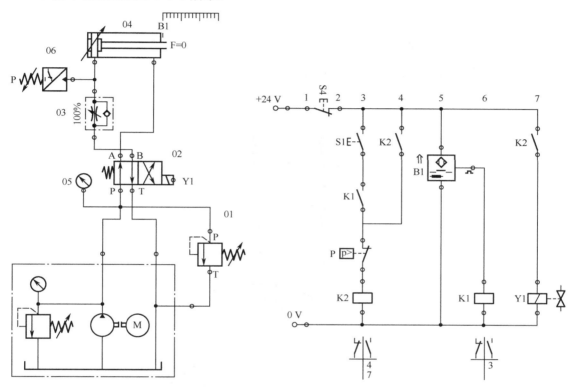

图 4-1-8　压力机电气液压系统液压回路图　　　　图 4-1-9　压力机单循环电路图

在图 4-1-9 中：

（1）在第 1 路中，当按下按钮开关 S1 时，液压缸在 B1 位置，B1 传感器有感应信号，继电器 K1 线圈得电，其常开触点 K1 闭合；压力低时，压力继电器常闭触点接通。

（2）继电器 K2 线圈吸合，在第 4、7 路上的常开触点 K2 闭合，形成自锁回路，即继电器 K2 线圈始终吸合，且（4/2）二位四通单电控电磁换向阀的电磁铁 Y1 得电，液压缸伸出。

（3）当液压缸伸出到达终点后，液压缸无杆腔压力升高，常闭触点断开，使得继电器 K2 线圈断电，常开触点 K2 断开，电磁铁 Y1 失电，液压缸退回，完成一个工作循环。

实践练习结论：

对于（4/2）二位四通单电控电磁换向阀来说，不能将液压缸**停在任意位置**。单向节流阀由单向阀与节流阀并联而成，只能在**一个方向上**控制液压缸活塞杆的速度。

拓展练习4

上述控制要求如果改为：

（1）液压缸满足初始位置 B1 且按下按钮开关 S1 时，液压缸伸出到达 B2 位置，然后液压缸缩回，实现一个工作循环（单循环）。

（2）当按下按钮开关 S2 时，可实现液压缸的连续循环，只有按下按钮开关 S3 时才停止工作。

（3）当按下急停开关 S4 时，液压缸立刻回至初始位置。

（4）试设计液压回路图和电气回路图。

1. 连续循环液压回路分析（与单循环相同）

连续循环液压回路图如图 4-1-10 所示。

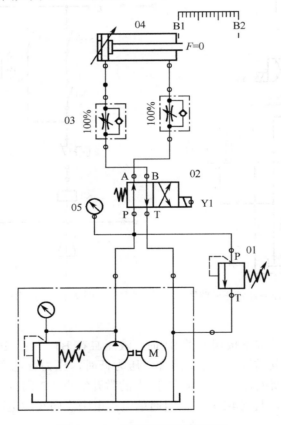

图 4-1-10　连续循环液压回路图

2. 连续循环电气回路分析

连续循环电路图如图 4-1-11 所示。

在图 4-1-11 中：

（1）当液压缸处于 B1 位置时，按下按钮开关 S2，停止开关 S3 是闭合的，继电器 K4 线圈吸合并形成自锁回路，使继电器 K4 始终吸合。

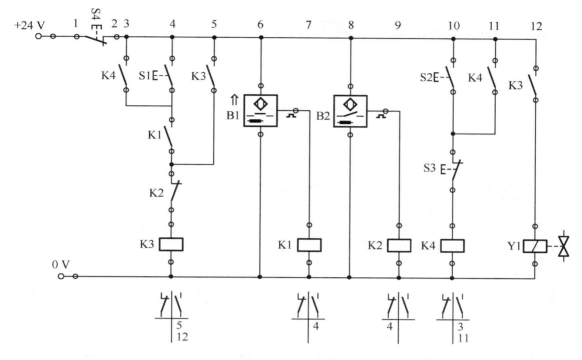

图 4-1-11　连续循环电路图

（2）液压缸此时在 B1 位置，B1 传感器有感应信号，继电器 K1 线圈得电，其常开触点 K1 闭合；继电器 K2 线圈没得电，其常闭触点 K2 是接通的，继电器 K3 线圈吸合并形成自锁回路。且（4/2）二位四通单电控电磁换向阀的电磁铁 Y1 得电，液压缸伸出。

（3）当液压缸伸出至 B2 位置时，传感器输出电信号，使继电器 K2 线圈吸合，在第 4 路上的常闭触点 K2 断开，使得继电器 K3 线圈断电，常开触点 K3 断开，电磁铁 Y1 失电，液压缸退回至 B1 位置，继电器 K3 线圈又重新吸合，液压缸再次伸出，实现连续循环。

（4）当按下停止按钮 S3 后，液压缸完成一次工作循环，回至初始位置。

（5）当按下急停开关 S4 后，液压缸立刻回至初始位置。

（6）按下按钮开关 S1，可以实现单循环。

思考题 2

1．两个启动开关 S1 和 S2 的区别？

2．按动急停开关后，液压缸处于何种状态？为什么？

3．该控制回路需要复位开关吗？

4．B1 和 B2 位置的传感器的作用是什么？

5．停止开关的作用是什么？它与急停开关的区别是什么？

6．电路中自锁回路的作用是什么？

7．注意所使用的不同电磁换向阀所需电信号的区别，如采用双电两位阀和三位阀所需电信号有什么不同？

项目2 闸门启闭装置电气液压系统的认知与实践

教学导航

知识重点	了解双作用液压缸的结构、工作原理和液压缸的缓冲；了解（4/3）三位四通电磁换向阀的、工作原理及应用工况；掌握三位换向阀用于控制液压缸换向时的特点，实现单循环、连续循环的不同方法，调节液压缸伸出速度的不同方法，构造电气液压回路的简单过程等；掌握电气液压初步知识
知识难点	液压控制回路、继电器控制电路的设计
技能重点	能识别双作用液压缸、压力和方向控制元件；能在实验台上进行简单的电气液压系统的安装与调试
技能难点	电气液压系统的调试
推荐教学方式	从工作任务入手，通过对相关液压和电气元件——双作用液压缸、三位电磁换向阀、继电器和接近开关等的分析，使学生了解基本液压元件的应用场合和控制电路的设计方法；通过在实验台上搭接回路，掌握电气液压系统的安装和诊断排除故障的方法
推荐学习方法	通过结构图，从理论上认识液压元件；通过观察实物剖面模型，从感性上了解液压元件；通过动手进行安装、调试，真正掌握所学知识与技能
建议学时	8 学时

任务 2.1　闸门启闭装置电气液压系统的认知

任务介绍

在国内外的水利工程建设中，通常用液压系统来实现闸门的提升控制。采用液压系统控制的优点是：体积小，起重量大；液压系统的负载刚性大，定位精度高；安全可靠性好，可以安全、可靠、快速地实现频繁的带载启动和制动，如图 4-2-1 所示。

图 4-2-1　闸门启闭装置示意图

相关知识

（4/3）三位四通电磁换向阀的结构和工作原理及机能符号

如图 4-2-2 所示，WE6…/.E 型是滑阀式电磁换向阀。电磁铁 2 为湿式电磁铁，为了确保

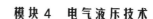

获得满意的操作，应在电磁线圈的压力油腔中充满油液。当左侧湿式电磁铁 2 带电时，阀芯 3 右移，P 口与 B 口相通，A 口与 T 口相通；当左侧湿式电磁铁 2 断电，阀芯 3 在复位弹簧 4 的作用下左移，回到中间位置；当右侧湿式电磁铁 2 带电时，阀芯 3 左移，P 口与 A 口相通，B 口与 T 口相通；作为可选的手动应急操作 6，可在无湿式电磁铁 2 的控制下使阀芯 3 换向。

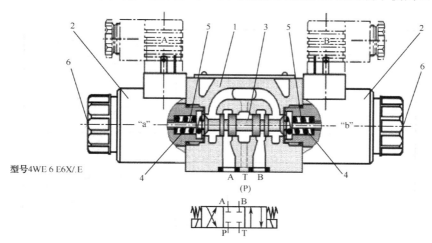

1—阀体；2—湿式电磁铁；3—阀芯；4—复位弹簧；5—推杆；6—手动应急操作

图 4-2-2　（4/3）三位四通电磁换向阀（WE6…/.E 型）结构示意图和机能符号

任务 2.2　闸门启闭装置电气液压系统的实践练习

1. 闸门启闭装置电气液压系统设计

了解了双作用液压缸、三位电磁换向阀、感性传感器和继电器控制电路的相关知识，如何用三位电磁换向阀来控制闸门的启闭系统呢？

动作要求：

（1）利用电气液压控制实现闸门的启闭。

（2）闸门的启闭速度均可调。

（3）该系统的最高工作压力不超过 40 bar。

控制要求：

（1）按下按钮开关 S1 时，液压缸伸出。

（2）按下按钮开关 S2 时，液压缸返回。

（3）按下按钮开关 S0 时，液压缸活塞杆停在当前位置。

2. 闸门启闭装置电气液压系统的任务实践

1）闸门启闭装置电气液压系统所需元件（见表 4-2-1）

表 4-2-1　元件清单

序　号	元 件 名 称	数　　量	机 能 符 号
04	双作用液压缸	1	

续表

序 号	元 件 名 称	数 量	机 能 符 号
03	单向节流阀	2	
02	（4/3）三位四通电磁换向阀	1	
01	溢流阀	1	
05	压力表	1	
	油管	若干	
	开关、中间继电器	2	

2）闸门启闭装置电气液压系统液压回路分析（供参考）

其回路图如图 4-2-3 所示。

在图 4-2-3 中：

（1）双作用液压缸（04）活塞杆的初始位置为缩回状态。在按动按钮 S1 后，活塞杆应伸出；在按动按钮 S2 后，活塞杆应返回；在按动按钮 S0 后，活塞杆应立即停在当前位置。

（2）单向节流阀（03）控制液压缸的伸出和返回速度。

（3）（4/3）三位四通电磁换向阀（02）控制液压缸的运动方向，且使液压缸的初始位置为退回状态。

（4）液压泵站提供液压系统所需的压力油。

（5）溢流阀（01）调节系统工作压力。

（6）压力表（05）显示系统工作压力。

3）闸门启闭装置电气液压系统电气回路分析（供参考）

其单循环电路图如图 4-2-4 所示。

在图 4-2-4 中：

（1）在第 1 路中，当按下按钮开关 S1

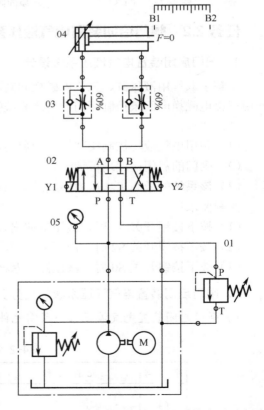

图 4-2-3　闸门启闭装置电气液压系统液压回路图

时，S0 闭合，继电器 K1 线圈吸合。

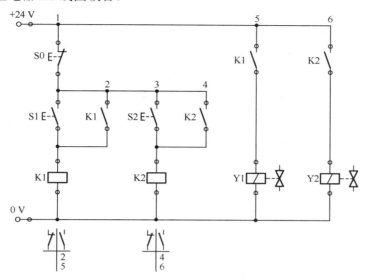

图 4-2-4　闸门启闭装置电气液压系统单循环电路图

（2）继电器 K1 线圈吸合，在第 2、5 路上的常开触点 K1 闭合，形成自锁回路，即继电器 K1 线圈始终吸合。且（4/3）三位四通电磁换向阀的电磁铁 Y1 得电，液压缸伸出。

（3）当按下按钮开关 S2 时，S0 闭合，继电器 K2 线圈吸合。

（4）继电器 K2 线圈吸合，在第 4、6 路上的常开触点 K2 闭合，形成自锁回路，即继电器 K2 线圈始终吸合。且（4/3）三位四通电磁换向阀的电磁铁 Y2 得电，液压缸返回。

（5）当按下按钮开关 S0 时，两个继电器线圈均断电，（4/3）三位四通电磁换向阀两个电磁铁均断电，液压缸活塞杆停在当前位置。

> 实践练习结论：
>
> 　　对于<u>*中位卸荷*</u>机能的阀来讲，当阀芯处于<u>*中位*</u>时，系统所建立的压力取决于<u>*阀和管路的阻力*</u>。
>
> 　　当使用<u>*中位卸荷型*</u>的换向阀时，它<u>*不能*</u>被用在既要设定系统压力，又要用于完成其他功能的回路中。

拓展练习5

如果控制要求改为如下要求，那么如何在电气控制回路进行改进？

（1）液压缸满足初始位置 B1 且按下按钮开关 S1 时，液压缸伸出到达 B2 位置，然后液压缸缩回，实现闸门启闭的一个工作循环（单循环）。

（2）当按下按钮开关 S2 时，可实现液压缸的连续循环，只有按下按钮开关 S0 时才停止工作。

（3）当按下急停开关 S4 时，液压缸立刻停在当前位置。

（4）当按下复位开关 S3 时，液压缸回至初始位置，且液压缸只有回至初始位置后才能启动新的工作循环。

1. 电气回路分析（供参考）

其单循环电路图如图 4-2-5 所示。

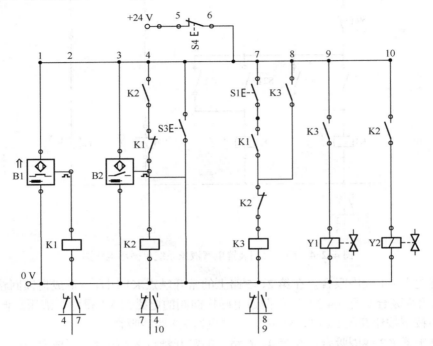

图 4-2-5　闸门启闭装置电气液压系统单循环电路图

在图 4-2-5 中：

（1）在第 7 路中，当按下按钮开关 S1 时，液压缸在 B1 位置不在 B2 位置，继电器 K1 线圈吸合，K2 线圈没得电，其常开触点 K1 闭合，常闭触点 K2 是接通的，接触器 K3 线圈吸合。

（2）继电器 K3 线圈吸合，在第 8、9 路上的常开触点 K3 闭合，形成自锁回路，即继电器 K3 线圈始终吸合，且（4/3）三位四通电磁换向阀的电磁铁 Y1 得电，液压缸伸出。

（3）当液压缸伸出至 B2 位置时，传感器输出电信号，使继电器 K2 线圈吸合，在第 7 路上的常闭触点 K2 断开，同时在第 4 路和第 10 路上的常开触点 K2 吸合，使得继电器 K3 线圈断电，常开触点 K3 断开，电磁铁 Y1 失电，电磁铁 Y2 连续得电，液压缸退回，完成一个工作循环。

（4）当急停开关 S4 动作后，液压缸立刻停在当前位置，启动开关 S3 可以使液压缸复位在初始位置。

2. 连续循环电路图

其连续循环电路图如图 4-2-6 所示。

在图 4-2-6 中：

（1）当液压缸处于 B1 位置时，按下按钮开关 S1，停止开关 S0 是闭合的，继电器 K 线圈吸合并形成自锁回路，使接触器 K 始终吸合。

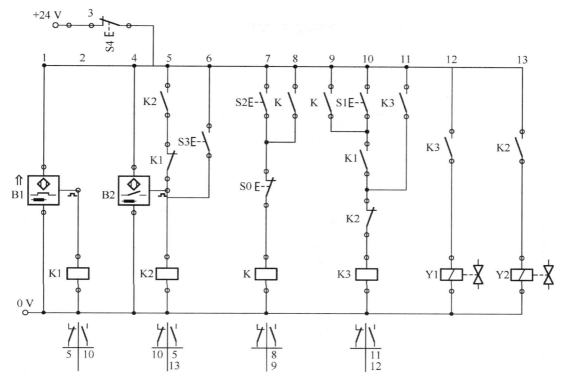

图 4-2-6　闸门启闭装置电气液压系统连续循环电路图

（2）液压缸不在 B2 位置，继电器 K2 线圈没得电，其常闭触点 K2 是接通的，继电器 K3 线圈吸合并形成自锁回路，且（4/3）三位四通电磁换向阀的电磁铁 Y1 得电，液压缸伸出。

（3）当液压缸伸出至 B2 位置时，传感器输出电信号，使继电器 K2 线圈吸合，在第 10 路上的常闭触点 K2 断开，使得继电器 K3 线圈断电，常开触点 K3 断开，电磁铁 Y1 失电，同时电磁铁 Y2 得电，液压缸退回至 B1 位置，继电器 K3 线圈又重新吸合，液压缸再次伸出，实现连续循环。

（4）当按下停止按钮 S0 后，液压缸完成一次工作循环，回至初始位置。

（5）当按下急停开关 S4 后，液压缸立刻回至初始位置。启动开关 S3 可以使液压缸复位至初始位置。

（6）按下按钮开关 S1，可以实现单循环。

思考题3

1. 按动急停开关后，液压缸所处的位置是哪里？和二位阀的区别是什么？

2. 没有复位开关可以吗？为什么？

3. 使用三位阀控制时，在电路设计时需要注意哪些问题？

4. 你使用的是哪种中位机能的换向阀？利用压力表的示数说明其中位机能的特点？与其他组分享自己的实验结论。

项目3 仓库升降平台电气液压系统的认知与实践

教学导航

知识重点	了解液控单向阀和双向液压锁的结构、原理及应用；了解换向阀中位机能的特点和在锁紧回路中的应用；掌握锁紧回路的特点，它与换向阀中位锁紧的区别；根据控制要求完成液压升降平台的液压系统和电气控制回路的设计，同时能够在实验台上搭接并进行安装与调试
知识难点	锁紧回路的应用
技能重点	能识别和使用液控单向阀，能在实验台上模拟仓库升降平台的动作，完成其电气液压系统的安装与调试
技能难点	电气液压系统的调试；分析锁紧回路的特点
推荐教学方式	从工作任务入手，通过对相关液压和电气元件——液控单向阀、双向液压锁、换向阀的中位机能及其特点、液压锁紧回路等的分析，使学生了解采用不同锁紧的方法及其区别，掌握液控单向阀锁紧回路的应用场合和控制电路的设计方法；通过在实验台上搭接回路，掌握电气液压系统的安装和诊断排除故障的方法
推荐学习方法	通过结构图，从理论上认识液压元件；通过观察实物剖面模型，从感性上了解液压元件；通过动手进行安装、调试，真正掌握所学知识与技能
建议学时	8学时

任务3.1 仓库升降平台电气液压系统的认知

任务介绍

仓库升降平台的作用：如图4-3-1所示，接货货车车厢高度不同，仓库平台高度是固定的，对于不同货车装货时存在高度差，叉车无法将货物送入货车中，通过设计液压升降平台来解决此问题。

图4-3-1 仓库升降平台示意图

相关知识

1. 液控单向阀的结构和工作原理及机能符号

液控单向阀的功能是允许油液在一个方向上流动，反向必须通过控制来实现。

1）不带卸荷阀芯、内泄式液控单向阀

如图 4-3-2 所示，当油液从 A 口流入时，克服弹簧 3 的作用力将锥阀芯 1 顶开，油液从 B 口流出；当油液反向流动（B 进 A 出）时，控制口 X 必须通入压力油，作用在控制阀芯 4 上的液压力只要克服弹簧力和 B 口油液对锥阀芯 1 的液压力即可推动锥阀芯 1，油液才能由 B 口流到 A 口。

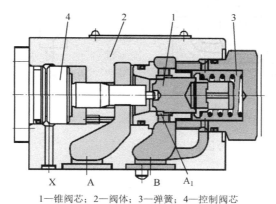

1—锥阀芯；2—阀体；3—弹簧；4—控制阀芯

图 4-3-2　不带卸荷阀芯、内泄式液控单向阀

2）带卸荷阀芯、内泄式液控单向阀

如图 4-3-3 所示，当油液从 A 口流入时，克服弹簧 3 的作用力将锥阀芯 1 顶开，油液从 B 口流出；当油液反向流动（B 进 A 出）时，控制口 X 必须通入压力油，作用在控制阀芯 4 上的液压力只要克服弹簧力和 B 口油液对球阀芯 2（卸荷阀芯）的液压力即可顶开球阀芯 2，此时 B 口和 A 口沟通，B 口压力降低。因为控制阀芯 4 的面积 A3 与卸荷阀芯面积 A2 的比值更大，因此控制口 X 不需要很高的控制压力就可以将锥阀芯 1 顶开，使得油液从 B 口流到 A 口。

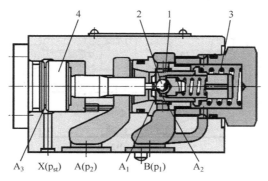

1—锥阀芯；2—球阀芯；3—弹簧；4—控制阀芯

图 4-3-3　带卸荷阀芯、内泄式液控单向阀

3）带卸荷阀芯、外泄式液控单向阀

如图 4-3-4 所示，带卸荷阀芯、外泄式液控单向阀与带卸荷阀芯、内泄式液控单向阀的结构基本相同，唯一的区别是控制阀芯右侧的油口与 A 口相通（即为内泄），还是接单独回油箱（即为外泄）。

液控单向阀的机能符号如图 4-3-5 所示。

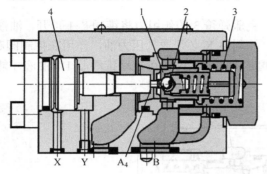

1—锥阀芯；2—球阀芯；3—弹簧；4—控制阀芯

图 4-3-4　带卸荷阀芯、外泄式液控单向阀　　　　图 4-3-5　液控单向阀的机能符号

4）不同结构的液控单向阀的区别

（1）内泄和外泄的区别。

外泄式液控单向阀的外泄口 Y（见图 4-3-4）单独接回油箱，适合液控单向阀与换向阀之间有单向节流阀的工况；而内泄式液控单向阀（见图 4-3-2、图 4-3-3）控制阀芯右侧的油口和 A 口相通，即与 A 口压力相同，A 口压力的大小会影响锥阀芯 1 的开启，适合液控单向阀与换向阀之间没有单向节流阀的工况。

（2）是否带卸荷阀芯的区别。

当油液从 B 口流向 A 口时，必须在 X 口通入控制油。带卸荷阀芯的液控单向阀的控制油口 X 需要的控制压力低；而不带卸荷阀芯的液控单向阀的控制油口 X 需要的控制压力高。

2. 双向液压锁的结构和工作原理及机能符号

结构：如图 4-3-6 所示，双向液压锁是由两个液控单向阀组合而成的。

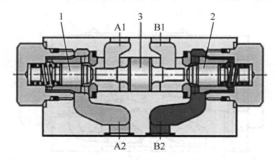

1、2—单向阀阀芯；3—控制阀芯

图 4-3-6　双向液压锁结构

工作原理：如图 4-3-6 所示，当 A1 口通高压油液时，高压油液打开单向阀 1 从 A1 口流

到 A2 口，同时控制阀芯 3 右移，打开单向阀 2，返回的油液从 B2 口流到 B1 口；当 B1 口通高压油液时，高压油液从 B1 口打开单向阀 2 流到 B2 口，同时控制阀芯 3 左移，打开单向阀 1，返回的油液从 A2 口流到 A1 口。

双向液压锁的机能符号如图 4-3-7 所示。

3．液控单向阀和双向液压锁的应用——锁紧回路

如图 4-3-8 所示为液控单向阀的锁紧回路图，当垂直放置的液压缸在任意位置停止时，在图 4-3-8（a）中的液控单向阀的作用是锁紧液压缸的有杆腔，即便有拉力 F 作用时，也不会被拉动(因为液压缸有杆腔的油液已经被液控单向阀封

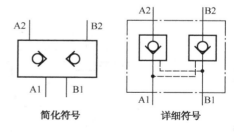

图 4-3-7　双向液压锁的机能符号

住)。图 4-3-8（b）中的双向液压锁的作用是锁紧液压缸的两腔，当液压缸在任意位置停止时，无论是拉力负载还是推力负载 F，都无法使液压缸动作。在锁紧回路中，应使用 Y 形或 H 形中位机能的换向阀。

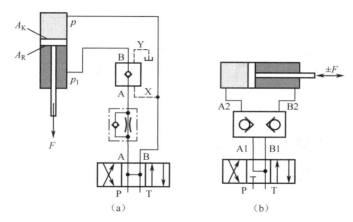

图 4-3-8　锁紧回路图

4．换向阀的中位机能及其特点

表 4-3-1 列出了三位阀常用的 5 种滑阀机能，不同机能的滑阀，其阀体是通用件，而区别仅在于阀芯台肩结构、轴向尺寸及阀芯上径向通孔的个数。

表 4-3-1　三位换向阀的中位机能

机能代号	中间位置时的滑阀状态	符　　号	性 能 特 点
O			各油口全部关闭，系统保持压力，液压缸油口封闭

机能代号	中间位置时的滑阀状态	符 号	性 能 特 点
M	T A P B		P 口与 T 口连通，液压泵卸荷；A口、B 口关闭，液压缸油口封闭
Y	T A P B		P 口关闭，保持压力；A 口、B 口、T 口连通，液压缸两腔连通，处于浮动状态
H	T A P B		P 口、A 口、B 口、T 口全部连通，液压泵卸荷，液压缸两腔连通，处于浮动状态
P	T A P B		P 口、A 口、B 口连通，液压缸两腔均与压力油相通，可实现液压缸的差动连接，回油口封闭

任务 3.2 仓库升降平台电气液压系统的实践练习

1. 仓库升降平台电气液压系统设计

了解了液控单向阀、锁紧回路、三位阀的中位机能的相关知识，如何完成仓库液压升降平台的功能呢？

动作要求：

（1）当启动按钮开关时，仓库升降平台（用双作用液压缸驱动）可以实现上下运动，并且向下运动的速度可调。

（2）当仓库平台上升，直至与货车高度一致时，升降平台停在当前位置，即仓库平台可在任意位置停止。

（3）当叉车通过仓库升降平台时，此时仓库升降平台能够稳稳地停留在此位置不动。

（4）利用给定的实验元件完善补充液压回路，且在实验台上进行安装与调试。

控制要求：

（1）液压回路。液压缸在一个（4/3）三位四通电磁换向阀的控制下实现伸出或返回。为了使学生了解液控单向阀液控口的作用，通过（3/2）二位三通电磁换向阀控制液控单向阀液控口。液控单向阀可以使液压缸停在任意中间位置时被锁住。

（2）电路。通过按钮开关 S1 和 S2 可以使液压缸在点动控制下实现伸出和返回；当两个按钮被同时按动时，返回运动应该优先。

2. 仓库升降平台电气液压系统的任务实践

1）仓库升降平台电气液压系统所需元件（见表4-3-2）

表 4-3-2　元件清单

序　　号	元 件 名 称	数　　量	机 能 符 号
1	双作用液压缸	1	
2	压力表	2	p1
3	单向节流阀	1	100%
4	液控单向阀	1	B A X
5	（4/3）三位四通 M 形电磁换向阀	1	A B P T
6	常断（3/2）二位三通电磁换向阀	1	A P T
7	截门	1	100%
8	溢流阀	1	P T
	油管	若干	
	开关、中间继电器	若干	E-\ E-7

2）仓库升降平台电气液压系统液压回路分析（供参考）

仓库升降平台电气液压系统液压回路图 1 如图 4-3-9 所示。

在图 4-3-9 中：

（1）双作用液压缸 1 活塞杆的初始位置为缩回状态；按钮开关 S1 和 S2 分别控制液压缸的伸出和退回。

（2）用压力表 2 来检测液压缸无杆腔的压力。

（3）单向节流阀 3 控制液压缸的下降速度。

（4）液控单向阀 4 能够使液压缸可靠地锁紧在当前位置。

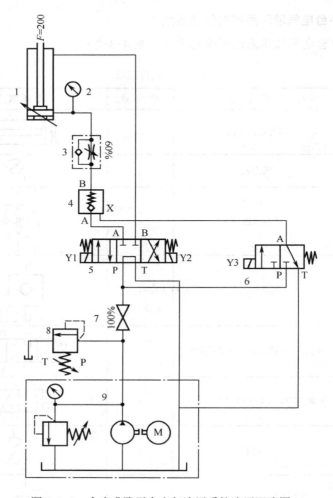

图 4-3-9　仓库升降平台电气液压系统液压回路图 1

（5）当（4/3）三位四通 M 形电磁换向阀 5 的电磁铁 Y1 得电时，液压缸快速伸出；Y1 失电后液压缸可靠锁紧在当前位置；当电磁铁 Y2 和 Y3 同时得电时，液压缸慢速退回，Y2 或 Y3 失电后液压缸停止在当前位置，只有当 Y3 失电时液压缸才能可靠地锁紧在当前位置。

（6）截门 7 打开时能提供压力油给液压系统。

（7）采用溢流阀 8 来限定液压系统的最高工作压力。

（8）液压泵站提供液压系统所需的压力油。

（9）因为使用了（3/2）二位三通电磁换向阀 6 控制液控单向阀液控口，所以主换向阀 5 中位机能选择了 M 形。

（10）为了试验方便，将单向节流阀 3 安装于液压缸和液控单向阀 4 之间，实际使用时，一般液控单向阀 4 与液压缸之间不安装元件。

3）仓库升降平台电气液压系统电气回路分析（供参考）

仓库升降平台电气液压系统电路图 1 如图 4-3-10 所示。

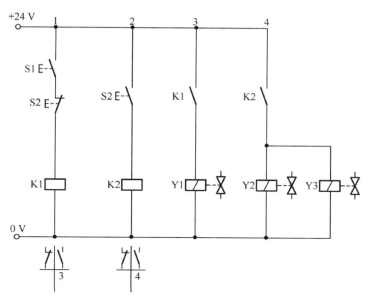

图 4-3-10　仓库升降平台电气液压系统电路图 1

在图 4-3-10 中：

（1）在第 1 路中，当按下按钮开关 S1 时，没有按下按钮开关 S2，继电器 K1 线圈得电，在第 3 路的 K1 常开触点闭合，电磁铁 Y1 得电，液压缸快速伸出。

（2）在第 2 路中，当按下按钮开关 S2 时，第 1 路的 S2 常闭触点断开，继电器 K2 线圈得电，在第 4、5 路上的常开触点 K2 闭合，电磁铁 Y2 和 Y3 得电，液压缸慢速下降。

（3）一旦松开按钮开关 S1 或 S2，液压缸将停止在当前位置，并且能够可靠地锁紧在该位置。

（4）当两手同时按下按钮开关 S1 和 S2 时，液压缸返回运动优先。

> **实践练习结论：**
>
> 　　当通过先导控制管路进行**先导控制**时，液控单向阀在**截止方向**上也能**打开**。当导控管路**无压力**时，液控单向阀从打开状态回到**关闭**状态。

思考题 4

1．叉车通过时如何使仓库液压升降平台稳稳地停在当前位置？是哪个元件所起的作用？它在液压回路中起什么作用？

2．能否将单向节流阀和液控单向阀互换位置？

3．采用三位阀的 O 形中位机能否实现锁紧功能？它和液控单向阀的锁紧有什么区别？

4．如何实现液压缸两腔的锁紧？

5．如何控制升降平台的返回速度？采用哪种控制方式？

6．在该液压回路中，截门 7 有什么作用？

7．能否实现升降平台的自动控制？

拓展练习6

控制要求：

（1）液压回路。液压缸在一个单电控（4/2）二位四通换向阀的控制下实现伸出或返回。在返回时，通过使（3/2）二位三通电磁换向阀的电磁铁带电来导通油路。液控单向阀可以使液压缸停在任意中间位置时被锁住。

（2）电路。通过按钮开关 S1 和 S2 可以使液压缸在点动控制下实现伸出和返回；当两个按钮被同时按动时，返回运动应该优先。

任务实践（所需元件见表4-3-3）

表4-3-3　元件清单

序　　号	元 件 名 称	数　　量	机 能 符 号
1	双作用液压缸	1	
2	压力表	2	
3	单向节流阀	1	
4	液控单向阀	1	
5	单电控（4/2）二位四通换向阀	1	
6	常断（3/2）二位三通电磁换向阀	1	
7	截门	1	
8	溢流阀	1	
	油管	若干	
	开关、中间继电器	若干	

液压回路分析（供参考），如图4-3-11所示。

在图4-3-11中：

（1）双作用液压缸1活塞杆的初始位置为缩回状态；按钮开关 S1 和 S2 分别控制液压缸

的伸出和退回。

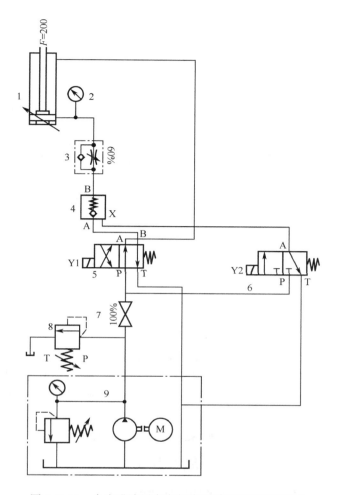

图 4-3-11　仓库升降平台电气液压系统液压回路图 2

（2）用压力表 2 来检测液压缸无杆腔的压力。

（3）单向节流阀 3 控制液压缸的下降速度。

（4）液控单向阀 4 能够使液压缸可靠地锁紧在当前位置。

（5）当换向阀 5 的电磁铁 Y1 得电时，液压缸快速伸出；Y1 失电后液压缸可靠锁紧在当前位置；当电磁铁 Y2 得电时，液压缸慢速下降，当 Y2 失电时液压缸能够可靠地锁紧在当前位置。

（6）截门 7 打开时能提供压力油给液压系统。

（7）采用溢流阀 8 来限定液压系统的最高工作压力。

（8）液压泵站提供液压系统所需的压力油。

（9）单电控（4/2）二位四通换向阀 5 和常断（3/2）二位三通电磁换向阀 6 的组合相当于一个（4/3）三位四通 Y 形机能的电磁换向阀。

电气回路分析（供参考）如图 4-3-12 所示。

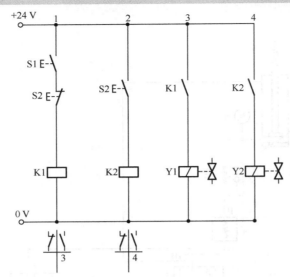

图 4-3-12 仓库升降平台电气液压系统电路图 2

在图 4-3-12 中：

（1）在第 1 路中，当按下按钮开关 S1 时，没有按下按钮开关 S2，继电器 K1 线圈得电，在第 3 路的常开触点 K1 闭合，电磁铁 Y1 得电，液压缸快速伸出。

（2）在第 2 路中，当按下按钮开关 S2 时，第 1 路的常闭触点 S2 断开，继电器 K2 线圈得电，在第 4 路上的常开触点 K2 闭合，电磁铁 Y2 得电，液压缸慢速下降。

（3）一旦松开按钮开关 S1 或 S2，液压缸将停止在当前位置，并且能够可靠地锁紧在该位置。

（4）当两手同时按下按钮开关 S1 和 S2 时，液压缸返回运动优先。

思考题 5

1．你能说出为什么在液控单向阀的锁紧回路中采用的换向阀的中位机能是 Y 形或者 H 形吗？

2．用实验室中的液控单向阀做此实验时，能否将单向节流阀和液控单向阀互换位置？采用哪种液控单向阀时能够将单向节流阀放在该液控单向阀的下面？

3．采用同样的两个二位阀，你能设计出相当于 Y 形或 H 形功能的液压回路吗？

项目4 组合机床动力滑台电气液压系统的认知与实践

教学导航

知识重点	了解调速阀的结构、原理、应用和节流调速方法；了解液压基本回路——速度切换回路的应用；掌握调速阀的特点，它与节流阀的区别；根据控制要求完成组合机床动力滑台液压系统和电气控制回路的设计，同时能够在实验台上搭接并进行安装与调试

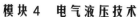
续表

知识难点	调速阀和速度切换回路的应用
技能重点	能够识别和使用调速阀，能在实验台上模拟组合机床动力滑台的动作，完成其电气液压系统的安装与调试
技能难点	电气液压系统的电气部分和液压部分的整体联调
推荐教学方式	从工作任务入手，通过对相关液压和电气元件——调速阀、节流调速方法、速度切换回路的分析，使学生掌握使用调速阀实现速度切换回路的应用场合和控制电路的设计方法；通过在实验台上搭接回路，掌握电气液压系统的安装和诊断排除故障的方法
推荐学习方法	通过结构图，从理论上认识液压元件；通过观察实物剖面模型，从感性上了解液压元件；通过动手进行安装、调试，真正掌握所学知识与技能
建议学时	8 学时

任务 4.1　组合机床动力滑台电气液压系统的认知

任务介绍

　　金刚镗床是以主轴高速旋转进行零件内孔光整加工的机床，在内燃机制造行业普遍应用，主要用于连杆及其他零件内孔的加工。镗床主机由金刚镗头、张紧装置、底座、床身、拖板、液压缸和铁屑盘等组成（见图 4-4-1）。拖板上方用于固定夹具，上面 T 形槽用于调整夹具位置，其沿导轨的运动构成了机床的进给运动。主运动采用机械传动，主电动机经过皮带直接带动镗头主轴高速旋转（通过调换带轮大小可获得不同的速比），拖板的进给运动依靠安装在拖板 5 下面的液压缸 6 来驱动。

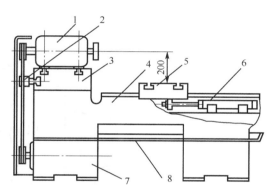

1—金刚镗头；2—张紧装置；3—金刚镗床底座；
4—床身；5—拖板；6—液压缸；7—底座；8—铁屑盘

图 4-4-1　金刚镗床的主机结构图

　　金刚镗床的结构特点：

　　（1）机床结构简单、制造成本低、安装方便。

　　（2）与机械传动进给方式相比，液压传动容易实现进给自动循环，节约了辅助时间，自动化程度高，满足大批量对零件内孔进行光整加工的需要，提高了生产效率；液压传动实现了工件进给无级调速，可根据工件的材质和尺寸大小，获得主轴旋转速度与工进速度的最佳组合，从而提高零件内孔的表面质量。

　　（3）液压系统采用了调速阀回油节流调速，速度刚性高；等待期间液压泵卸荷，无功损耗且发热少。

相关知识

1．调速阀的结构和工作原理及机能符号

　　如图 4-4-2 所示为单向调速阀的结构。通过调节手轮 2 可以改变节流口 5 的面积，从而改变油液从 A 口至 B 口的流量。为了保持通过节流口的流量恒定，且与压力无关，在节流阀 3 的下游安装了一个压力补偿器 4（定差减压阀）。弹簧 6 将节流阀 3 和压力补偿器 4 分别压在它们的限制位置。当没有流量通过时，压力补偿器 4 在弹簧 6 的作用下将其阀芯推至最下端，减压口处于全开位置。当有流量由 A 口流入时，A 口的油液通过节流阀 3 流出后作用在压力补偿器 4 的上部，同时 A 口的油液经阻尼孔 7 作用在压力补偿器 4 的下部，即节流阀 3 的进、出口压力油分别作用在压力补偿器 4 的下部和上部，使得压力补偿器 4 向上移动至补偿位置，直至达到力平衡。如果 A 口的压力增加，压力补偿器 4 向上（关闭方向）移动，直至再次达到力平衡。由于压力补偿器不断地起补偿作用，因此流量能保持恒定（流量稳定过程如图 4-4-3 所示）。油液经单向阀从 B 口至 A 口自由流通。

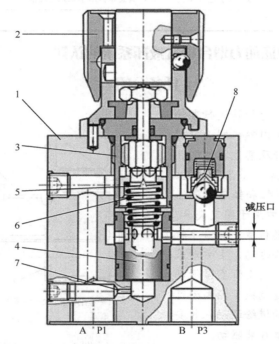

1—阀体；2—调节手轮；3—节流阀；4—压力补偿器（定差减压阀）；5—节流口；6—弹簧；7—阻尼孔；8—单向阀

图 4-4-2　2FRM 型单向调速阀的结构

2．调速阀的特性

如图 4-4-4 所示，无论 A 和 B 点的压力多大，可始终保持调速阀中节流口的进、出口压差不变，因此流经调速阀的流量稳定；流量的大小可通过改变调速阀通流面积来调节。

3．调速阀的应用场合

调速阀通常应用在负载变化较大且对调速精度要求高的场合。

4．节流调速方法

节流调速回路根据流量控制元件在液压回路中安装位置的不同，分为进油节流调速、回油节流调速和旁路节流调速三种形式。下面以定量泵供油，执行元件为液压缸为例，简单分析三种调速回路的优、缺点。

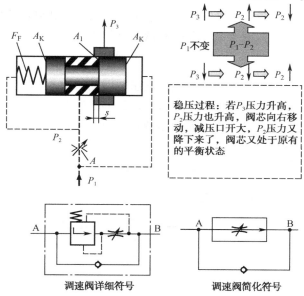

图 4-4-3　调速阀（先节流后减压）工作原理图

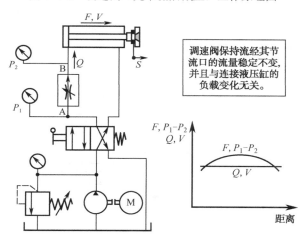

图 4-4-4　调速阀压力-流量特性曲线

1）进油节流调速

如图 4-4-5 所示，将流量控制元件串联于液压泵出口和液压缸之间，通过调节流量控制阀开口面积的大小，从而达到调节进入液压缸流量的目的，称为进油节流调速回路。在进油节流调速回路中，定量泵输出的多余流量通过溢流阀回油箱。由于多余油液通过溢流阀回油箱，所以液压泵出口压力为溢流阀调定压力。

这一回路的优点：流量控制阀 1 和执行元件液压缸 2 之间的压力仅取决于液压缸负载的大小，与回油节流调速回路相比，克服同样大小的负载，液压缸密封处的工作压力相对较低，液压缸密封处的摩擦力也较小。

这一回路的缺点：由于溢流阀 3 在流量调节元件的前面，因为节流的原因，流量调节元件进、出口有压差，所以液压泵的供油压力总是比液压缸需要克服的负载压力高。即使在空

载时，为了使液压泵多余流量流回油箱，液压泵出口压力也要达到溢流阀调定压力，系统效率较低。节流产生的热量进入液压缸，会提高液压缸的工作温度。

2）回油节流调速

如图4-4-6所示，将流量调节元件串联在液压缸回油路上，通过调节流量控制阀开口面积的大小，达到调节流出液压缸流量大小的目的，称为回油节流调速回路。在回油节流调速回路中，定量泵输出的多余流量通过溢流阀回油箱。由于多余油液通过溢流阀回油箱，所以液压泵出口压力为溢流阀调定压力。

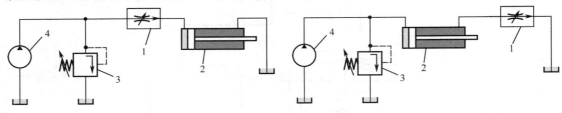

图 4-4-5 进油节流调速回路　　　　　　　图 4-4-6 回油节流调速回路

回油节流调速回路与进油节流调速回路的速度负载特性和刚度基本相同。

这一回路的优点：流量调节元件安装在液压缸回油腔，相当于给液压缸加一个背压，运动平稳性好，不需要平衡阀，节流产生的热量直接带回油箱。

这一回路的缺点：即使在空载的情况下，液压泵和液压缸也要承受系统最高压力。

3）旁路节流调速

如图4-4-7所示，与溢流阀一样，将流量调节元件并联在液压泵的出口，即构成旁路节流调速。流量调节元件通过调节泵出口回油箱的流量，间接控制液压缸的输入流量，实现速度控制。

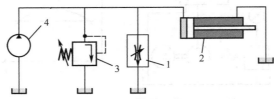

图 4-4-7 旁油节流调速回路

由于流量调节元件承担了溢流任务，所以溢流阀在这里作为安全阀。液压泵的工作压力取决于负载的大小。

在节流阀通流面积不变的情况下，液压缸的速度因负载增大而显著减小，其速度负载特性比进、回油节流调速更小。只有节流损失，没有溢流损失，比前两种调速回路功率损失小，效率较高。旁路节流调速回路的速度负载特性较差，调速范围小，但效率较高，应用于对速度稳定性要求不高的液压系统。

5. 速度切换回路

速度切换回路的作用是使液压执行元件在一个工作循环中，从一种速度切换为另一种或几种速度。例如，快进切换成工进等。

1）利用行程阀的速度切换回路

如图 4-4-8 所示为利用行程阀实现速度切换的液压回路。本回路由（4/3）三位四通电磁换向阀、单向调速阀、（2/2）二位二通行程阀、液压缸等组成。

当（4/3）三位四通电磁换向阀右端电磁铁带电时，油液通过换向阀 P 口到 A 口，经过单向调速阀、（2/2）二位二通行程阀到达液压缸无杆腔，液压缸有杆腔油液通过换向阀 B 口到 T 口回油箱，液压缸活塞杆伸出，伸出速度为快进，因为这时（2/2）二位二通行程阀接通；随着液压缸活塞杆向前运行，当（2/2）二位二通行程阀被与液压缸活塞杆同步运行的机构压下时，（2/2）二位二通行程阀断开，液压油只能通过单向调速阀进入液压缸无杆腔，因为这时单向阀关闭，所以活塞杆伸出速度由调速阀调节；活塞杆速度切换为工作进给。当（4/3）三位四通电磁换向阀左端电磁铁带电时，油液通过换向阀 P 口到 B 口，进入液压缸有杆腔，液压缸无杆腔油液经过左上方单向调速阀，再经换向阀 A 口到 T 口回油箱，液压缸活塞杆返回，这时单向调速阀的单向阀开启，活塞杆返回速度为快速。

这种回路的速度切换比较平稳，切换位置容易控制，但因为行程阀的安装位置受限制，所以往往管路较复杂。许多液压进给的专用机床都采用了这种速度切换方式。

2）利用电磁换向阀的速度切换回路

如图 4-4-9 所示为利用电磁阀实现速度切换的液压回路。本回路由（4/3）三位四通电磁换向阀、单向调速阀、（2/2）二位二通电磁换向阀、液压缸等组成。

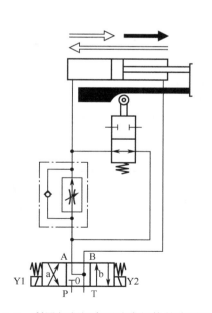

图 4-4-8 利用行程阀实现速度切换的液压回路

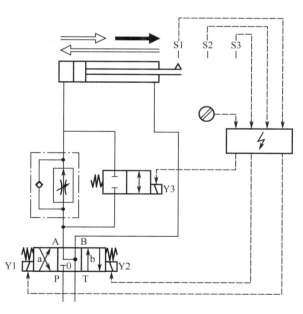

图 4-4-9 利用电磁阀实现速度切换的液压回路

当（4/3）三位四通电磁换向阀右端电磁铁带电时，油液通过（4/3）三位四通电磁换向阀 P 口到 A 口，经过单向调速阀、（2/2）二位二通电磁换向阀到达液压缸无杆腔，因为这时（2/2）二位二通电磁换向阀电磁铁带电，（2/2）二位二通电磁换向阀接通，液压缸有杆腔油液通过（4/3）三位四通电磁换向阀 B 口到 T 口回油箱，液压缸活塞杆伸出，伸出速度为快进；当液压缸活塞杆向前运行到 S2 点时，（2/2）二位二通电磁换向阀电磁铁断电，（2/2）二位二通电磁换向阀断开，液压油只能通过单向调速阀进入液压缸无杆腔，因为这时单向阀关闭，所以活塞杆伸出速度由调速阀调节，活塞杆速度切换为工作进给。当（4/3）三位四通电磁换向阀左端电磁铁带电时，油液通过（4/3）三位四通电磁换向阀 P 口到 B 口，进入液压缸有杆腔。液压缸无杆腔油液经过左上方单向调速阀、经（4/3）三位四通电磁换向阀 A 口到 T 口回油箱，液压缸活塞杆返回，这时单向调速阀的单向阀开启，活塞杆返回速度为快速。

因为（2/2）二位二通电磁换向阀受电信号控制，所以其安装位置较灵活。但速度切换平稳性较行程阀稍差。当然，切换速度最平稳的是比例方向阀。很显然，该回路可基本满足任务介绍中的功能要求。

任务 4.2   组合机床动力滑台电气液压系统的实践练习

1. 组合机床动力滑台电气液压系统设计

了解了调速阀及节流调速方法、差动回路、卸荷回路和速度切换回路的相关知识，如何完成组合机床动力滑台的动作呢？

动作要求：

（1）用三个传感器发信号，分别控制液压缸的快速进给、工作进给和加工结束（快速退回）的位置。

（2）能完成快速进给——工作进给——快速退回——原位停止，实现机床切削时的自动循环。为了节省时间，该回路用于使刀具首先快速接近工件，然后进行慢速加工过程，液压缸必须以两个不同的速度伸出，当伸出到行程的终点后快速返回。

（3）调整传感器的位置，即可控制工件进给运动的行程。

（4）参照图 4-4-10，利用实验室的实验元件完成金刚镗床液压系统原理图和继电器电路图的设计，且在实验台上进行安装与调试。

控制要求：

（1）液压回路。利用电磁换向阀实现动力滑台的速度切换回路，即液压缸的速度切换过程参照图 4-4-9 进行设计，当完成加工后，在等待期间液压泵应处于卸荷状态，采用换向阀的中位机能实现卸荷。

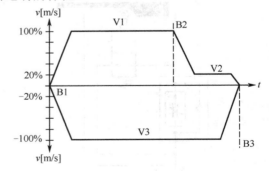

图 4-4-10   动力滑台速度切换图

（2）电路。液压缸满足在初始位置 B1 时，按下按钮开关 S1，实现快进→工进→快退一个工作循环（单循环）；当按下急停开关 S0 时，液压缸停在当前位置，液压泵处于卸荷状态；按下复位开关 S2 后，液压缸复位至初始位置 B1。参照表 4-4-1 进行继电器控制回路的电路设计，表 4-4-1 中电磁铁得电为+，失电为-；液压缸在相应传感器的位置为+，不在时为-。

表 4-4-1　组合机床动力滑台电气液压系统电磁铁及传感器动作表

	B1	B2	B3	Y1	Y2	Y3
快进	+/-	-	-	+	-	+
工进	-	+/-	-	+	-	-
快退	-	-/+/-	+	-	+	-/+
停止	-	-	-	-	-	-

2. 组合机床动力滑台电气液压系统任务实践

1）组合机床动力滑台电气液压系统实验练习所需元件（见表 4-4-2）

表 4-4-2　元件清单

序　号	元件名称	数　量	机能符号
1	双作用液压缸	1	
2	单向节流阀	1	
3	常断（2/2）二位二通电磁换向阀	1	
4	（4/3）三位四通 M 形电磁换向阀	1	
5	溢流阀	1	
	压力表	2	
	油管	若干	
	开关、中间继电器	若干	

2）组合机床动力滑台电气液压系统液压回路分析（供参考，见图 4-4-11）

在图 4-4-11 中：

（1）双作用液压缸 1 活塞杆的初始位置为缩回状态。

（2）单向节流阀 2 控制液压缸工作进给阶段的速度，即传感器 B2 和 B3 之间。

（3）常断（2/2）二位二通电磁换向阀 3 可实现快速进给和工作进给的选择。

（4）当（4/3）三位四通 M 形电磁换向阀 4 的电磁铁 Y1 得电时，液压缸快速伸出；Y1 失电后液压缸停在当前位置；当电磁铁 Y2 得电时，液压快速退回；具体的快进—工进切换时的电磁铁动作见表 4-4-1。

（5）溢流阀 5 用于限定液压系统的最高工作压力。

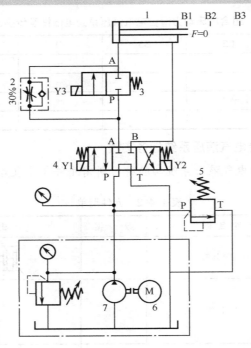

图 4-4-11　组合机床动力滑台电气液压系统液压回路图 1

（6）液压泵站 6 提供液压系统所需的压力油。

3）组合机床动力滑台电气液压系统电气回路分析（供参考，见图 4-4-12）

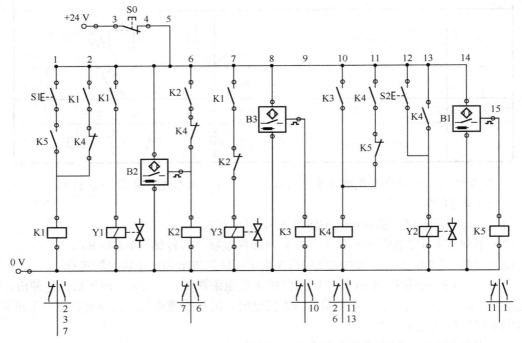

图 4-4-12　组合机床动力滑台电气液压系统电路图 1

在图 4-4-12 中：

（1）在第 1 路中，当按下按钮开关 S1 时，没有按下按钮开关 S0，此时液压缸位于初始位置 B1，继电器 K1 线圈得电并自锁，第 3、7 路的常开触点 K1 闭合，电磁铁 Y1 和 Y3 得电，液压缸快速伸出。

（2）当液压缸伸出到 B2 位置时，在第 6 路的继电器 K2 线圈得电并自锁，此时在第 7 路的常闭触点 K2 断开，电磁铁 Y3 失电，液压缸工作进给。

（3）当液压缸运动到 B3 位置时，继电器 K3 线圈得电，第 10 路常开触点 K3 闭合，继电器 K4 线圈得电并自锁，在第 2 路的常闭触点 K4 断开，继电器 K1 线圈失电，即电磁铁 Y1 失电，同时第 13 路的常开触点闭合，电磁铁 Y2 得电，液压缸快速退回。

（4）当按下停止按钮 S0 时，液压缸停在当前位置。当 S0 开关闭合后，按下按钮开关 S2 可将液压缸复位退回至初始位置 B1 处。

实践练习结论：

单向节流阀只能在 <u>一个方向</u> 上影响活塞的速度。单向节流阀是将 <u>单向阀和节流阀</u> 组合而成的一个元件。

实现速度切换的方法之一是将（2/2）二位二通电磁换向阀与单向节流阀 <u>**并联**</u>。

思考题 6

1．能否使用单电控（4/2）二位四通电磁换向阀来替代（2/2）二位二通电磁换向阀？能否使用常通的（2/2）二位二通电磁换向阀来替代常断的（2/2）二位二通电磁换向阀？

2．位置 B2 处的传感器的作用是什么？如果去掉该传感器，会发生什么情况？

3．为什么采用三位阀的 M 形中位机能？能否用其他中位机能的换向阀来替代？

4．如果液压缸没有在初始位置 B1 处，那么按下按钮开关 S1 后液压缸能动作吗？应该如何操作才能开始动作？

5．液压系统的最高工作压力如何调节？

6．在工作进给时，当压力达到 35 bar 时，如果想使液压缸自动快速返回，应如何更改液压回路图和电气控制回路图呢？

拓展练习 7

控制要求：

（1）液压回路。利用电磁换向阀实现动力滑台的速度切换回路。液压缸在速度 v_1 段为快速伸出，采用差动回路，在速度 v_2 段为慢速伸出，在速度 v_3 段为快速退回。当完成加工后，在等待期间液压泵应处于卸荷状态，利用（2/2）二位二通电磁换向阀或先导式溢流阀的遥控口实现卸荷。

（2）电路。液压缸满足在初始位置 B1 时，按下按钮开关 S1，实现快进→工进→快退一个工作循环（单循环）；当按下急停开关 S5 时，液压缸停在当前位置，液压泵处于卸荷状态；当按下复位开关 S3 后，液压缸复位至初始位置 B1。参照表 4-4-3 进行继电器控制回路的电路设计，表 4-4-3 中电磁铁得电为+，失电为-；液压缸在相应传感器的位置为+，不在时为-。

表 4-4-3　组合机床动力滑台电气液压系统电磁铁得电状况表

	B1	B2	B3	1YA	2YA	3YA	4YA
快进（差动）	+/-	-	-	+	-	+	-
工进	-	+/-	-	+	-	-	-
快退	-	-/+/-	+	-	+	-	-
停止				-	-	-	+

任务实践（所需元件）如表 4-4-4 所示。

表 4-4-4　元件清单

序　号	元 件 名 称	数　量	机 能 符 号
8	双作用液压缸	1	
7	单向调速阀	1	
9	单电控（5/2）二位五通电磁换向阀	1	
4	常断（2/2）二位二通电磁换向阀	1	
6	（4/3）三位四通电磁换向阀	1	
3	先导式溢流阀	1	
5	压力表	1	
	油管	若干	
	开关、中间继电器	若干	

液压回路分析（供参考）如图 4-4-13 所示。

在图 4-4-13 中：

（1）液压泵站提供液压系统所需的压力油。

（2）单向阀避免油液倒流。

（3）先导式溢流阀能够调节系统的最高工作压力，同时能够利用其遥控口实现液压泵的卸荷。

（4）当常断（2/2）二位二通电磁换向阀得电时，能够实现液压泵的卸荷。当常断（2/2）二位二通电磁换向阀处于常态时，提供液压系统所需的工作压力。

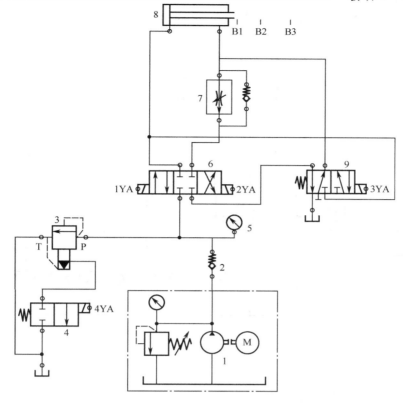

图 4-4-13　组合机床动力滑台电气液压系统液压回路图 2

（5）压力表测量系统的工作压力。

（6）（4/3）三位四通电磁换向阀控制液压缸的运动方向，单电控（5/2）两位五通电磁换向阀与（4/3）三位四通电磁换向阀的组合实现液压缸的差动回路。

（7）单向调速阀控制液压缸的工作进给速度。

（8）双作用液压缸的活塞杆的初始位置为缩回状态。

（9）位置 B1 处的传感器检测液压缸是否在初始位置，B2 处的传感器实现快进—工进的切换，到达 B3 时，液压缸快速退回。

电气回路分析（供参考）如图 4-4-14 所示。

在图 4-4-14 中：

（1）在第 1 路中，当按下按钮开关 S1 时，并且满足液压缸在初始位置 B1 时，继电器 K1 线圈得电且自锁，在第 11 和 13 路的常开触点 K1 闭合，电磁铁 1YA 和 3YA 得电，液压缸差动快速伸出。

（2）当液压缸运动到 B2 位置时，继电器 K2 线圈得电且自锁，在第 13 路上的常闭触点 K2 断开，电磁铁 3YA 失电，液压缸以工作速度进给。

（3）当液压缸运动到 B3 位置时，继电器 K3 线圈得电且自锁，在第 2 路上的常闭触点 K3 断开，继电器 K1 线圈失电，第 11 路的电磁铁 1YA 失电；同时在第 12 路上的常开触点 K3 闭合，电磁铁 2YA 得电，液压缸快速退回。

（4）当按下急停开关 S5 后，电磁铁 4YA 得电，液压泵处于卸荷状态。

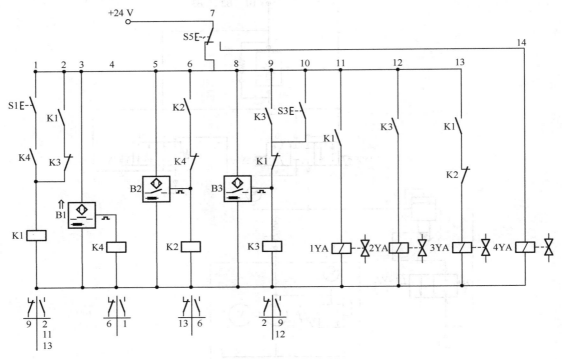

图 4-4-14　组合机床动力滑台电气液压系统电路图 2

思考题 7

1. 比较两种实现速度切换的方法有何区别？
2. 实验室中的先导式溢流阀如果没有遥控口，如何实现液压泵的卸荷？
3. 采用调速阀和节流阀来调节液压缸的伸出速度有何区别？
4. 设计一继电器控制电路能够实现连续往复循环。

附录A 气动实践练习安全注意事项及规程

在进行气动实践练习之前，每位参加实践练习的学生必须认真阅读并牢记以下安全注意事项。

（1）从元件抽屉中正确选择实验练习所需要的元件，并按照建议的安装位置固定好。

（2）所有连接气动管路的工作都应该在切断气源的情况下进行（关闭压缩空气预处理单元上的球阀）。

（3）按照实验练习给出的气动回路图连接气动管路。

（4）在连接气动管路时，稍加用力即可将塑料软管插入快速接头内，但要确保气动管路和快速接头可靠地锁定，以防止在通压缩空气时，塑料软管从快速接头上脱掉，出现"抽打现象"（要注意保护眼睛）。

（5）注意：为了避免塑料软管连接处老化，要经常用切管刀切下已显老化的塑料软管头。

（6）对于每一个实践练习来讲，气源压力均为6～8 bar，应该使用无润滑油的压缩空气，进气量为50～100 NI/min。

（7）在练习时，应该通过调压阀将系统压力设定为标准的p_e=5 bar。

（8）当接通压缩空气时，气缸有可能会出现不由自主地运动。

（9）不要试图接触任何运动的部件（活塞杆、换向凸轮）。手指可能会在限位开关和换向凸轮之间被夹伤。

（10）为了在练习时间内达到最佳的、相互协作和卓有成效的学习效果，在一个实践练习单元内，每次应该有两名学生一起做练习。

（11）注意：查找故障的最佳方法是，当出现错误时，不要重新连接回路，特别是已经连接好的回路。可以采用系统故障分析的方法去查找并排除故障。

（12）每次实践练习结束后，首先要切断气源；然后拆卸气管，用一只手按住快速接头上的卡环，另一只手紧握管子的末端，从元件接头上拔下气管，并将其放回原处；再将练习元件从实践练习底板上卸下，并正确地放回到规定位置；最后，清理实验台，使其保持整洁。

附录 B 电气气动实践练习安全注意事项及规程

在进行电气气动实践练习之前，每位参加实践练习的学生除了必须遵守气动实践练习安全注意事项及规程以外，还应严格遵守以下规定。

（1）本教材中实践练习使用的电气气动元件及电气装置，均采用超低电压 24 VDC（超低电压最大为 50 VAC 和 120 VDC）。

（2）在做练习时，不允许学生在较高电压的装置上工作。不允许打开电压超过 50 VAC 的开关箱或装置。

（3）不允许没有专业知识的人进行接线，也不允许做任何超过 50 VAC 的电气测试。

（4）元件在实验底板和电气元件安装架上的布置应该按照每个实践练习所给出的安装位置示意图来做。

（5）用快速安装卡将元件正确地固定在实验底板的槽上或电气元件安装架上。

（6）连接练习回路时，应该切断气源（关闭压缩空气预处理单元上的球阀）和供电电源（断开电源）。

（7）电气连接采用带或不带防意外接触保护的 4 mm 实验室用导线和 4 mm 插头，这些实验室用导线具有不同的长度，且有黑（或蓝）、红（+电压）两种颜色。

（8）按照实践练习给出的电路图进行接线。

（9）接通电源后，应观察电源的工作状态（防止短路）。

（10）每次实践练习结束后，首先要切断电源和气源；然后从电气模块和电磁阀上拔下连接的导线，并按照颜色和长短分类放回导线支架上；随后拆卸气动元件，用一只手按住元件快速接头上的卡环，另一只手紧握管子的末端，从元件上拆卸下气管和接头，并将其放回原处；再将练习元件从实践练习底板上卸下，并正确地放回到规定位置；最后，清理实验台，使其保持整洁。

附录 C　液压实践练习安全注意事项及规程

在进行液压实践练习之前，每位参加实践练习的学生必须认真阅读并牢记以下安全注意事项。

（1）在实验之前和实验之后应将液压实验台的主开关置于"0"位。

（2）从元件挂架上正确地选择实践练习所需要的元件，并按照建议的安装位置固定好。

（3）为了安全起见，应确保在连接回路过程中没有人能启动液压泵，或者将流向实验台的油路切断。

（4）按照实践练习给出的液压回路图连接液压管路。在连接液压管路时，一只手握住液压软管，另一只手握住快速接口，对准元件上的快速接头，稍加用力即可将快速接口连接到快速接头上。连接后，要进行拽动检查，以确保所有的快速接头连接可靠。

（5）液压软管不能过分弯曲或折裂（否则会有爆裂的危险）。

（6）要随时检查接头和软管的情况，以保持最佳状态。

（7）对于每一个实践练习来讲，系统压力不要超过 5 MPa（50 bar）。

（8）在练习时，应该通过溢流阀设定实践练习所需的最高工作压力，建议不超过 4 MPa（40 bar）。

（9）在紧急情况下，除了通过按动"OFF"（关机）按钮或急停按钮之外，每位参加实践练习的学生必须知道在"哪里"和"怎样"将实验台关掉（通过连接插头或总开关切断电源）。

（10）当启动液压泵时，液压管路可能会出现不由自主地运动。

（11）不要试图接触任何运动的部件（活塞杆、换向凸轮）。手指可能会在限位开关和换向凸轮之间被夹伤。

（12）为了在练习时间内达到最佳的、相互协作和卓有成效的学习效果，在一个实践练习单元内，每次应该至少有两名学生一起做练习。

（13）注意：查找故障的最佳方法是，当出现错误时，不要重新连接回路，特别是已经连接好的回路。可以采用系统故障分析的方法去查找并排除故障。

（14）每次实践练习结束后，首先要关掉液压泵；然后拆卸软管，用一只手握住液压软管，另一只手紧握快速接口，稍加用力后一拉，即可将快速接口从元件上卸下，将卸下的软管放回原处；再将练习元件从实践练习底板上卸下，并正确地放回到规定位置；最后，清理实验台，使其保持整洁。

（15）注意清洁，经常洗手，擦去油滴。有些油与眼睛和嘴接触时可能会对人的健康造成损害。此外，滴在地上的油滴可能会使人滑倒受伤。

附录 D 电气液压实践练习安全注意事项及规程

在进行电气液压实践练习之前，每位参加实践练习的学生除了必须遵守液压实践练习安全注意事项及规程以外，还应严格遵守以下规定。

（1）本教材中实践练习使用的电气液压元件及电气装置，均采用超低电压 24 VDC（超低电压最大为 50 VAC 和 120 VDC）。

（2）在做练习时，不允许学生在较高电压的装置上工作。不允许打开电压超过 50 VAC 的开关箱或装置。

（3）不允许没有专业知识的人进行接线，也不允许做任何超过 50 VAC 的电气测试。

（4）元件在实验底板和电气元件安装架上的布置应该按照每个实践练习所给出的安装位置示意图来做。

（5）用快速安装卡将元件正确地固定在实验底板的槽上或电气元件安装架上。

（6）连接练习回路时，应该切断液压实验台上的电源。

（7）电气连接采用带或不带防意外接触保护的 4 mm 实验室用导线和 4 mm 插头，这些实验室用导线具有不同的长度，且有黑、红（+电压）两种颜色。

（8）按照实践练习给出的电路图进行接线。

（9）在紧急情况下，除了通过按动"OFF"（关机）按钮或急停按钮之外，每位参加实践练习的学生必须知道在"哪里"和"怎样"将实验台关掉（通过连接插头或总开关切断电源）。

（10）接通电源后，应观察电源的工作状态（防止短路）。

（11）每次实践练习结束后，首先要切断液压实验台上的电源；然后从电气模块和电磁阀上拔下连接的导线，并按照颜色和长短分类放回导线支架上；随后拆卸软管，用一只手握住液压软管，另一只手紧握快速接口，稍加用力后一拉，即可将快速接口从元件上卸下，将卸下的软管放回原处；再将练习元件从实践练习底板上卸下，并正确地放回到规定位置；最后，清理实验台，使其保持整洁。

附录 E 常见气动元件符号（ISO1219）

名　称	符　号	名　称	符　号
气源			
空气压缩机		后冷却器（水冷）	
储气罐		后冷却器（空冷）	
空气干燥器		油水分离器	
空气调节处理元件			
分水过滤器		油雾器	
自动排水阀		消声器	
执行元件			
单作用气缸		双作用气缸	
摆动缸		两端带缓冲的双作用气缸	
气电动机		无杆气缸（磁耦合）	
流量控制元件			
可调节流阀		单向节流阀	
快速排气阀		排气节流阀	
压力控制元件			
溢流阀		顺序阀	
减压阀		顺序阀	

续表

名　称	符　号	名　称	符　号
方向控制元件			
单向阀	1—○WW—2	气控单向阀	
二位阀 二位二通换向阀（常断）		三位阀 三位三通换向阀（O形）	
	二位二通换向阀（常通）		三位四通换向阀（O形）	
	二位三通换向阀（常断）		三位四通换向阀（Y形）	
	二位三通换向阀（常通）		三位四通换向阀（P形）	
	二位四通换向阀		三位五通换向阀（O形）	
			三位五通换向阀（Y形）	
			三位五通换向阀（P形）	
换向阀驱动力（以二位三通换向阀为例）			
人力驱动 人工操作		机械力驱动 顶杆式	
	人工操作（定位功能）		滚轮式	
	按钮开关		可通过滚轮式	
	按钮开关（定位功能）		弹簧复位式	

续表

名　称		符　号	名　称		符　号
人力驱动	扳把开关		气动力驱动	加压式	
	扳把开关（定位功能）			气控先导式	
	钥匙开关			差压式	
	脚踏开关		电磁力驱动	直动式电磁式	
	脚踏开关（定位功能）			先导式电磁式	
逻辑元件					
延时换向阀	延时接通型		梭阀		
	延时断开型		双压阀		
其他元件及管路连接表示方法					
	管路		交叉管路		
	软管		交汇管路		
	压力表		快速接头		
	气源		堵		

附录 F　常见液压元件符号（ISO1219）

名　称	符　号	名　称	符　号
液压泵及液压电动机			
单向定量泵		双向定量泵	
单向变量泵		双向变量泵	
单向定量电动机		双向定量电动机	
单向变量电动机		双向变量电动机	
执行元件			
单作用气缸	单作用液压缸（弹簧复位）	双作用气缸	双作用液压缸（单活塞杆）
	单作用液压缸		双作用液压缸（双活塞杆）
	柱塞缸		两端带缓冲双作用液压缸
	伸缩式单作用液压缸		伸缩式双作用用液压缸
流量控制元件			
可调节流阀		调速阀	
压力控制元件			
直动式溢流阀		平衡阀	
先导式溢流阀（内控内泄）		先导式溢流阀（外控内泄）	

续表

名　称	符　号	名　称	符　号
先导式溢流阀（内控外泄）		先导式溢流阀（外控外泄）	
直动式顺序阀（内控内泄）		直动式顺序阀（外控内泄）	
直动式顺序阀（内控外泄）		直动式顺序阀（外控外泄）	
先导式顺序阀（内控内泄）		先导式顺序阀（外控内泄）	
先导式顺序阀（内控外泄）		先导式顺序阀（外控外泄）	
直动式三通减压阀		先导式减压阀	
方向控制元件			
单向阀		液控单向阀	
单向节流阀		双向液压锁	
二位阀	二位二通换向阀（常断）		三位阀	三位三通换向阀（O形）
	二位二通换向阀（常通）			三位四通换向阀（O形）
				三位四通换向阀（Y形）

183

名　　称	符　　号	名　　称	符　　号
二位阀 二位三通换向阀（常断）		三位阀 三位四通换向阀（P形）	
二位三通换向阀（常通）		三位四通换向阀（H形）	
二位四通换向阀		三位四通换向阀（M形）	
		三位四通换向阀（U形）	

换向阀驱动力（以二位三通换向阀为例）			
人力驱动 人工操作		机械力驱动 顶杆式	
人工操作（定位功能）		滚轮式	
按钮开关		可通过滚轮式	
按钮开关（定位功能）		弹簧复位式	
扳把开关		液动力驱动 加压式	
扳把开关（定位功能）		液控先导式	
钥匙开关		差压式	
脚踏开关		电磁力驱动 直动式	
脚踏开关（定位功能）		先导式（电液换向阀）	

比例液压元件			
二位四通直动式比例方向阀（不带内置放大器）		三位四通直动式比例方向阀（不带内置放大器）	
二位四通直动式比例方向阀（带内置放大器）		三位四通直动式比例方向阀（带内置放大器）	
二位四通先导式比例方向阀（不带内置放大器）		三位四通先导式比例方向阀（不带内置放大器）	

名　称	符　号	名　称	符　号
二位四通先导式比例方向阀（带内置放大器）		三位四通先导式比例方向阀（带内置放大器）	
比例调速阀		单向比例调速阀	
直动式比例溢流阀		先导式比例溢流阀	
逻 辑 元 件			
双压阀		梭阀	
辅助元件及管路连接表示方法			
管路		快速接头	
软管		带快速接头软管	
交叉管路		交汇管路	
压力表		压力开关	
液压源		堵	
油箱		转动接头	
过滤器		空气滤清器	

附录 G 实践练习报告（学生用模板）

学校：   日期：

姓名		班级		学号		日期	
地点				指导教师		成绩	

模块名称	
实践练习项目名称	

实践练习目的	
实践练习内容	
实践练习步骤	
实践练习使用的主要设备或仪器	
实践练习结论	
指导教师意见	

指导教师签字　　　年　　月　　日

附录 H 实践练习评价表（教师用模板）

气动与液压技术 实践练习评价表（模板）	模块（　）：
	项目（　）：

实践练习任务：	姓名	
	学号	
	班级	

1. 功能评价项目

序　号	功 能 评 价	成 绩 给 定 （10 或 0）
1	使用的气动元件和所连接的气动回路是否符合工作任务要求。	
2	使用的元件功能是否正常。	
3	气动缸的动作是否正确。	
4	减压阀的压力调节是否正确。	
5	在模拟负载变化时减压阀调定的压力是否稳定。	
	项目得分	

2. 安装评价项目

序　号	外 观 评 价	成 绩 给 定 （10，9，7，5，0）
1	所选元件是否正确；是否符合元件安装要求。	
2	气动、电气元件安装位置是否正确、合理。	
3	气动回路和电路连接是否符合专业要求。	
4	气动元件的连接处及接头是否漏气。	
	项目得分	

3. 过程评价项目

序　号	过 程 评 价	成 绩 给 定 （10，9，7，5，0）
1	安装过程中，是否正确，是否符合安全要求。	
2	是否按照操作规程进行调试和运行。	
3	工作场地是否整洁；实践练习后，元件是否摆放回原位。	
4	在实践练习中，小组同学之间的合作情况。	
	项目得分	

分数计算：

序　号	评价项目	项目得分	得分系数	项目得分
1	功能评价项目		1	
2	安装评价项目		0.75	
3	过程评价项目		0.5	
			最终得分	

工作任务评语：

包括实训完成情况、安全意识、团队合作、创新、职业素养等方面